LES

MOLLUSQUES MARINS

DU ROUSSILLON

ATLAS

TOME IER

LES MOLLUSQUES MARINS DU ROUSSILLON

PAR

LE Dr E. BUCQUOY

MÉDECIN-MAJOR, OFFICIER DE LA LÉGION D'HONNEUR

PH. DAUTZENBERG

ANCIEN PRÉSIDENT DE LA SOCIÉTÉ ZOOLOGIQUE DE FRANCE

G. DOLLFUS

ANCIEN PRÉSIDENT DE LA SOCIÉTÉ GÉOLOGIQUE DE FRANCE

TOME IER

GASTROPODES

ATLAS de 66 planches photographiées d'après nature

PARIS

J.-B. BAILLIÈRE & FILS, 19, RUE HAUTEFEUILLE

ET CHEZ L'AUTEUR

PH. DAUTZENBERG, 213, RUE DE L'UNIVERSITÉ

MOLLUSQUES DU ROUSSILLON

PLANCHE 1

Classe *GASTROPODA* (Cuvier)

ORDRE I **Prosobranchiata** FAMILLE **Muricidæ** (Fleming)
SECTION A **Siphonostomata** GENRE **Murex** (Linné).

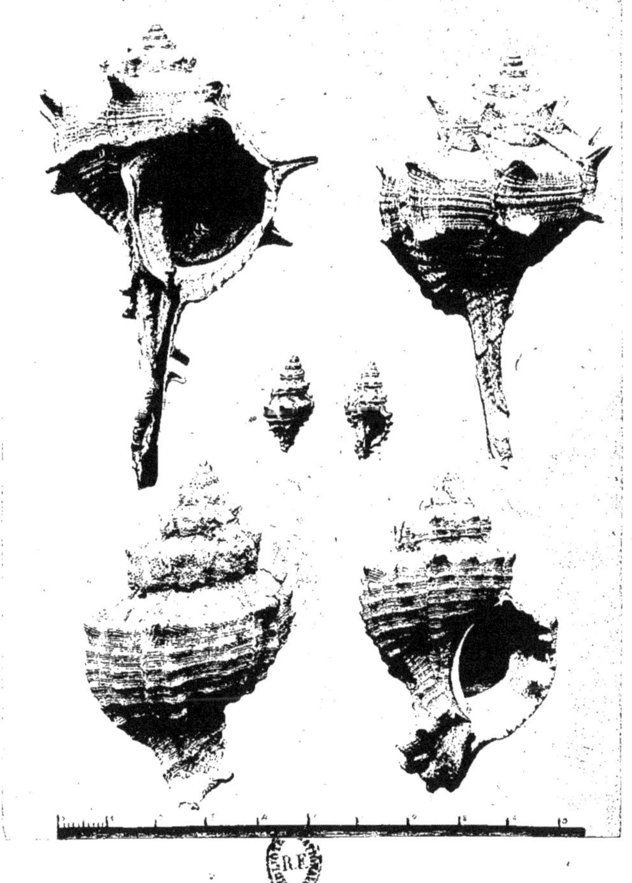

1. 2. — Murex brandaris (L.) 3. 4. — Murex trunculus (L.)
5. 6. — Murex Blainvillei (Payr.)

Bucquoy & Dautzenberg

MOLLUSQUES DU ROUSSILLON

PLANCHE 2

Classe *GASTROPODA* (Cuvier)

ORDRE I **Prosobranchiata** FAMILLE **Muricidæ** (Fleming)
SECTION A **Siphonostomata** GENRE **Murex** (Linné)

1 — Murex erinaceus (L.) 2 — Murex erinaceus. Variété Tarentinus (Lk.)
3 — Murex Edwardsii (Payr.) 4 — Murex aciculatus (Lk.)

Bucquoy & Dautzenberg

MOLLUSQUES DU ROUSSILLON

PLANCHE 3

Classe GASTROPODA (Cuvier)

ORDRE I **Prosobranchiata**
SECTION A **Siphonostomata**

FAMILLE **Muricidæ** (Fleming)
GENRE **Pisania** (Bivona)
GENRE **Ranella** (Lamarck)

1 — Ranella gigantea (Lk.) 2 — Pisania maculosa (Lk.) 3 (juv.)
4 — Pisania d'Orbignyi (Payr.) 5 [juv.]

Bucquoy & Dautzenberg

MOLLUSQUES DU ROUSSILLON

PLANCHE 4.

Classe GASTROPODA (Cuvier)

ORDRE I **Prosobranchiata** FAMILLE **Muricidæ** .Fleming.
SECTION A **Siphonostomata** GENRE **Triton** .Lamarck.

1. — Triton nodiferus. Lk. 2. — Triton corrugatus. Lk.

Bucquoy, Dautzenberg & Dollfus.

MOLLUSQUES DU ROUSSILLON

PLANCHE 5.

Classe GASTROPODA (Cuvier)

ORDRE I **Prosobranchiata**
SECTION A **Siphonostomata**

FAMILLE **Muricidæ** .Fleming.
GENRE **Triton** .Lamarck.
GENRE **Cancellaria** .Lamarck.

1. — Cancellaria cancellata. L. 2. — Triton cutaceus. L.
4. — Triton cutaceus, Variété Curta. Bucq. et Dantz.

Bucquoy, Dautzenberg & Dollfus.

MOLLUSQUES DU ROUSSILLON

PLANCHE 6.

Classe GASTROPODA (Cuvier)

ORDRE I **Prosobranchiata**
SECTION A **Siphonostomata**

FAMILLE **Muricidæ** .Fleming.
GENRES **Hadriana** .Dautzenberg.
Fusus .Lamarck.
Euthria .Gray.
Trophon .Montfort.

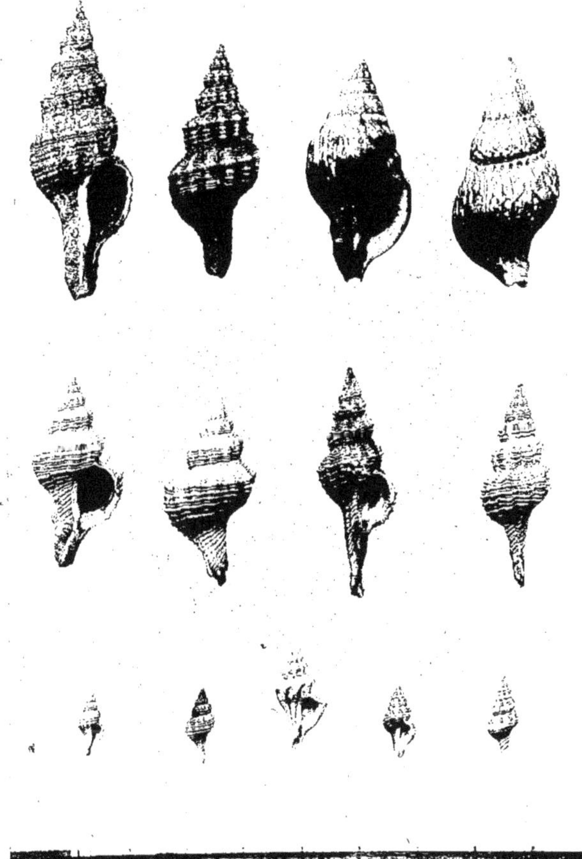

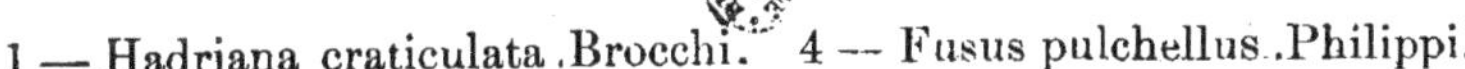

1 — Hadriana craticulata .Brocchi.
2 — Fusus Syracusanus .L.
3 — Fusus rostratus .Olivi.
4 — Fusus pulchellus .Philippi.
5 — Fusus vaginatus .Philippi.
6 — Euthria cornea .L.
7 — Trophon muricatus .Montagu.

Bucquoy, Dautzenberg & Dollfus.

MOLLUSQUES DU ROUSSILLON

PLANCHE 7.

Classe GASTROPODA (Cuvier)

ORDRE I **Prosobranchiata**
SECTION A **Siphonostomata**

FAMILLE **Buccinidæ**
GENRE **Cassis** (Lamarck)

1-2 — Cassis saburon (Bruguières)   3-4 — Cassis undulata (Gmelin)

Bucquoy & Dautzenberg.

MOLLUSQUES DU ROUSSILLON

PLANCHE 8.

Classe GASTROPODA (Cuvier)

ORDRE I **Prosobranchiata** FAMILLE **Muricidæ** (Fleming)
SECTION A **Siphonostomata** GENRE **Cassidaria** (Lamarck)

1-2 — Cassidaria echinophora (L.) Type 3 — Variété subnodulosa. (B. et D.)
4 — Variété obsoleta (B. et D.) 5 — Variété mutica (Tiberi.)

Bucquoy & Dautzenberg

MOLLUSQUES DU ROUSSILLON

PLANCHE 9.

Classe GASTROPODA (Cuvier)

ORDRE I **Prosobranchiata**
SECTION A **Siphonostomata**

FAMILLE **Buccinidæ**
GENRE **Cassidaria** (Lamarck)
GENRE **Purpura** (Lamarck)

1 — Cassidaria echinophora (Linnè) variété solida (B & D)
2 — Cassidaria echinophora (Linné) variété globosa (B & D)
3 — Cassidaria Tyrrhena (Chemnitz)
4 - 5 — Purpura hæmastoma (Linné) variété minor (Monterosato)

Bucquoy & Dautzenberg.

MOLLUSQUES DU ROUSSILLON

PLANCHE **10**.

Classe GASTROPODA (Cuvier)

ORDRE I **Prosobranchiata**
SECTION A **Siphonostomata**

FAMILLE **Buccinidæ**
GENRE **Purpura** (Lamarck)
GENRE **Nassa** (Lamarck)

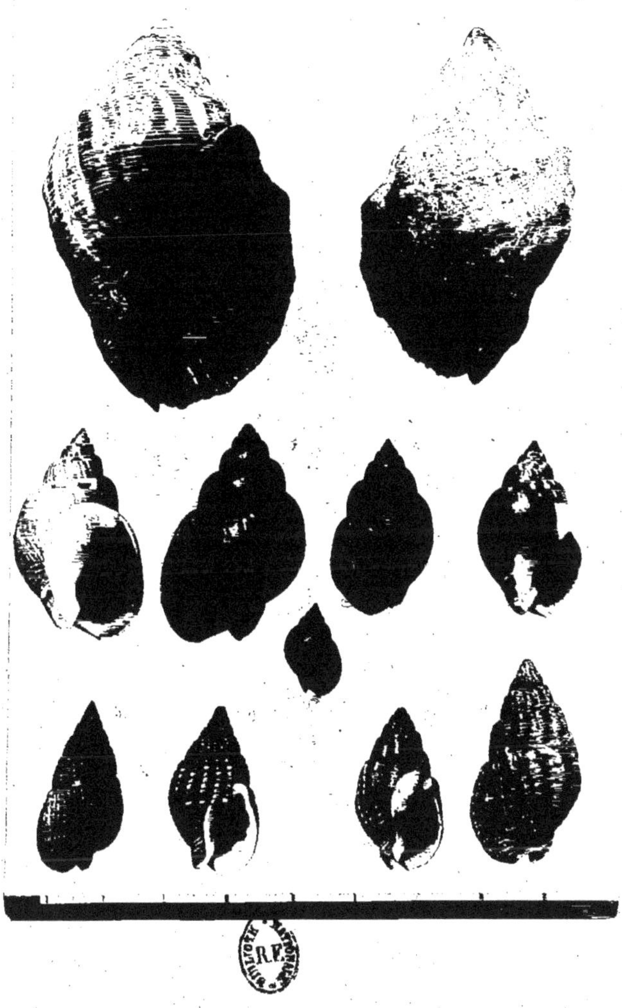

1 - 2 — Purpura hæmastoma (Linné) 3 - 4 — Nassa mutabilis (Linné)
5 - 6 — Nassa mutabilis (Linné) variété inflata (Lamarck)
7 — Nassa mutabilis (Linné) variété minor (Monterosato)
8 - 9 — Nassa reticulata (Linné) 10 — Nassa reticulata variété nitida (Jeffreys)
11 — Nassa reticulata variété nitida-depicta (B et D)

Bucquoy & Dautzenberg

MOLLUSQUES DU ROUSSILLON

PLANCHE 11.

Classe GASTROPODA (Cuvier)

ORDRE I **Prosobranchiata** FAMILLE **Buccinidæ**
SECTION A **Siphonostomata** GENRE **Nassa** (Lamarck)

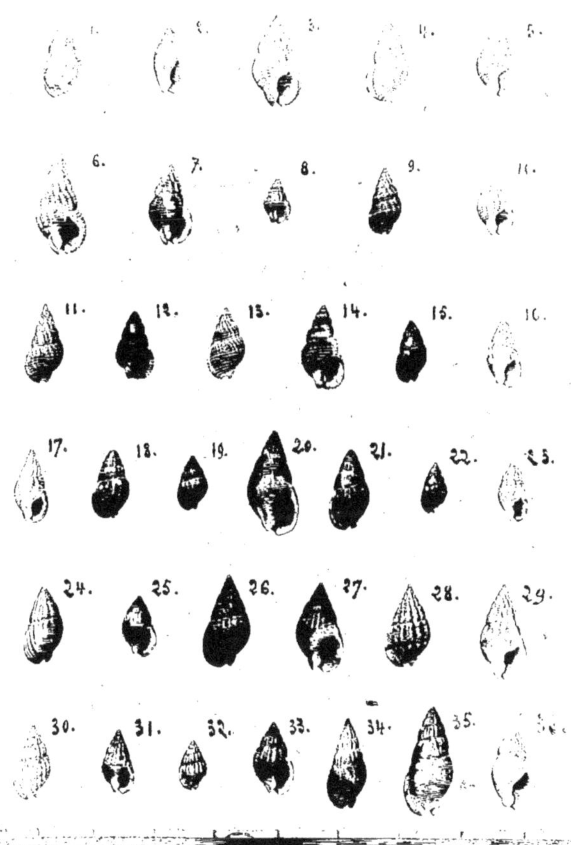

1, 2 Nassa granum Lamk,
3, 4, 5. » incrassata Müller
6. » » var : elongata B. D. D.
7. » » var : varicosa B. D. D.
8. » » var : minor B. D. D.
9. 10. » » var : fasciata Monts.
11. 12. » pygmœa Lamk.
13. » » var : evaricosa B. D. D.
14. » » var : elongata B. D. D.
15. 16 » Costulata Renieri ; var : Cuvieri Payr
17. » » var : Ferussaci Payr.

18. 19. Nassa costulata Ren, var. Castanea Brusina.
20. 21. » » var : encaustica Brusina
22. 23. » » var : Madeirensis Reeve.
24. 25. » » var : unifasciata Kiener.
26. 27. » » var : flavida Monts.
28. 29. » » var : costata Monts.
30. 31. 32 » » var ; tenuicosta B.D.D.
33. » » var : turgida B. D. D.
34. » » var : lanceolata B. D. D.
35. 36. » » var : pulcherrima B. D. D

Bucquoy & Dautzenberg.

MOLLUSQUES DU ROUSSILLON

PLANCHE 12.

Classe GASTROPODA (Cuvier)

ORDRE I **Prosobranchiata** FAMILLE **Buccinidæ**
SECTION A **Siphonostomata** GENRES **Amycla, Neritula, Columbella.**

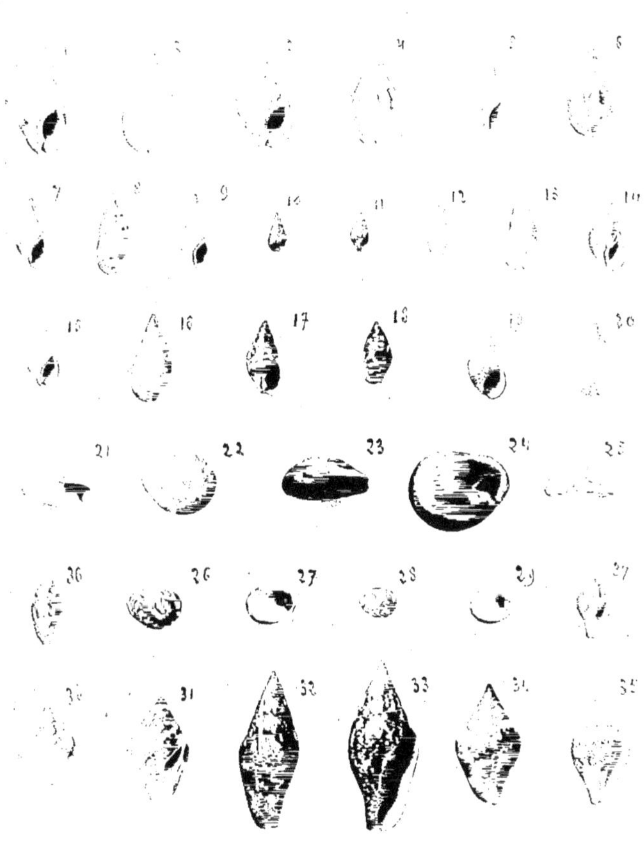

1, 2 Amycla corniculum (type) Olivi.
3, 4, 5, 6 » » var ex-forma. raricosta Risso.
7, 8, 9, 12 » » var « elongata Monteros.
10, 11 » » var « minima B, D, D.
13, 14 » » var « varicosa B, D, D.
15. » » var ex-colore. decollata Phil.
16. » » var « atrata B. D, D.
17, 18 » » var « albomaculata B. D. D.
19, 20 » » var « punctulata B. D. D.

21 à 25 Neritula neritea Linné B, D, D.
26. 27 » Donovani Risso.
28, 29 » » var pellucida Risso.
30, 31 Columbella rustica Linné.
32, 33 » » var elongata Phil.
34, 35 » » var spungiarum Duclos.
36, 37 » » var minima B. D. D.

Bucquoy & Dautzenberg.

MOLLUSQUES DU ROUSSILLON

PLANCHE **13**.

Classe GASTROPODA (Cuvier)

ORDRE I **Prosobranchiata**
SECTION A **Siphonostomata**

FAMILLE **Buccinidæ, Coninæ**
Genre **Columbella. Conus.**

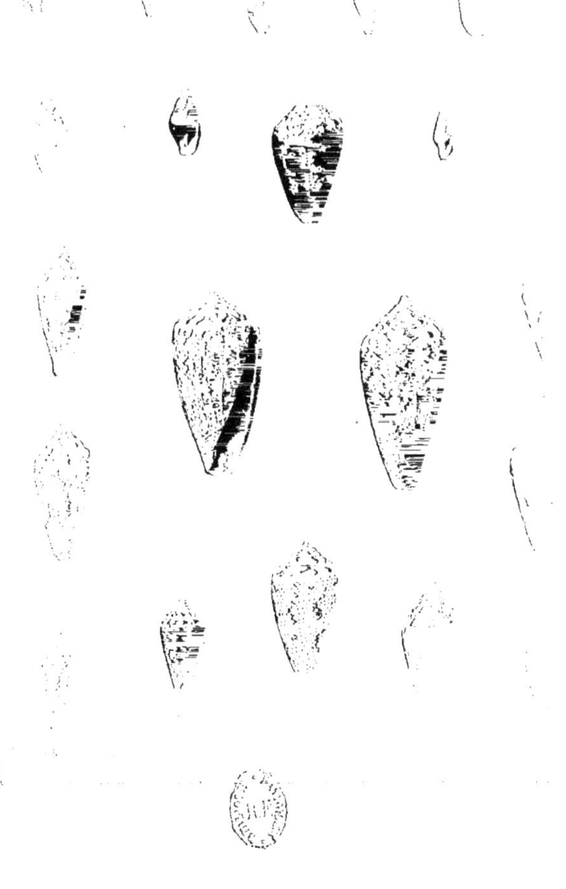

1, 2. Columbella scripta Lin.
3, 4. « « var. elongata B. D. D.
5, 6. « Gervillei Payr.
7, 8. « decollata Brusina
9. 10. « minor Scacchi
11 . Conus mediterraneus Brug.
12, 13 Conus mediterraneus Brug. var. oblonga B. D. D
14. 15 « « var, elongata B. D. D.
16, 17 « « var. carinata B. D. D.
18, 19 « « var. minor Monts.
20 « « var. ex col. pallida B. D. D.
21 22 « « var. « « rubescens B. D. D

Bucquoy & Dautzenberg.

MOLLUSQUES DU ROUSSILLON

PLANCHE **14**.

Classe GASTROPODA (Cuvier)

ORDRE I **Prosobranchiata** FAMILLES **Pleurotominæ, Volutidæ**
SECTION A **Siphonostomata** GENRES **Pleurotoma, Clathurella, Raphitoma, Hædropleura, Mitra**

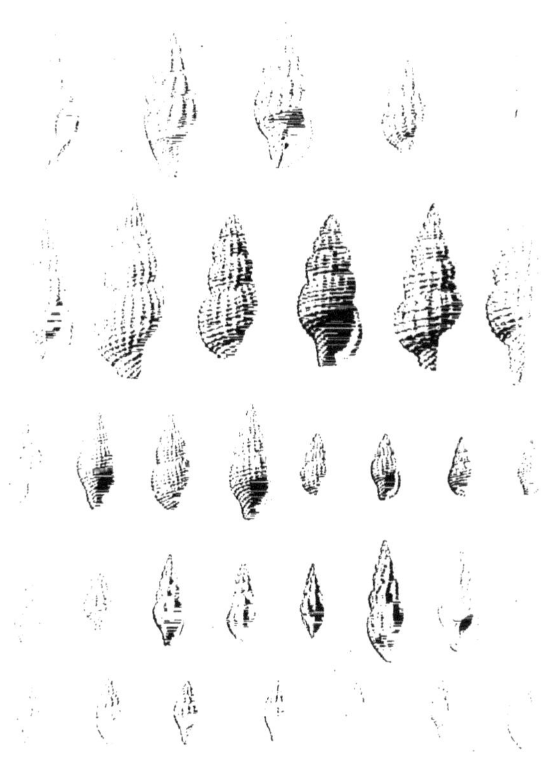

1. 2 Pleurotoma gracile (Mtg)
3. 4 Clathurella Leufroyi (Mich)
5 « Concinna (Scacchi)
6. 7 « purpurea (Mtg)
8. 9 « rudis (Scacchi)
10. 11 « Cordieri (Payr)
12 « « var. pungens (Monts)
13. 14. 15 « purpurea var. Philberti (Mich)
16. 17 « « var. bicolor (Risso)
18. 19 « « var. Laviæ (Phil.)

20. 21 Clathurella linearis .Mtg.
22. 23 Raphitoma nebula .Mtg.
24. 25 « attenuata .Mtg
26. 27 Hædropleura septangularis .Mtg.
28. 29. 30. 31 Mitra tricolor .Gmel.
32 « « var. alba .Monts.
33. 34 « Savignyi .Payr.

Bucquoy & Dautzenberg.

MOLLUSQUES DU ROUSSILLON

PLANCHE **15**.

Classe GASTROPODA (Cuvier)

ORDRE I **Prosobranchiata** FAMILLES **Pleurotominæ, Volutida**
SECTION A **Siphonostomata** GENRES **Mangilia, Donovania**
Mitrolumna, Marginella.

1. 2. 3 Mangilia Vauquelini .Payr.
4. 5. 6 « tæniata .Desh.
7. 8. 9 « Pacinii .Calcara.
10. 11 « albida .Desh
12. 13 « « var. rugulosa .Ph.
14. 15 « « var. unifasciata .Desh.
16 « « var. Stossiciana .Brus.
17 « « var. atra .Monts.
18. 19 « « var. cærulans .Ph.
20. 21. 22 « Companyoi .B.D.D.
23. 24. 25 « multilineolata .Desh
26. 27. 28. 29 Donovania minima .Mtg.
30 « « var submammillata ,Monts
31. 32 « « var mammillata .Risso.
33. 34. 35 Mitrolumna olivoidea .Cantraine.
36. 37 « « var. major .B.D.D.
38. 39 « « var. granulosa .Monts.
40. 41. 42 Marginella miliaria .Linné.
43 « Philippii Monts.
44 « clandestina .Brocchi.

Bucquoy & Dautzenberg.

MOLLUSQUES DU ROUSSILLON

PLANCHE **16**.

Classe GASTROPODA (Cuvier)

ORDRE I **Prosobranchiata** FAMILLES **Volutidæ, Cypræadæ**
SECTION A **Siphonostomata** GENRES **Mitra, Cypræa, Ovula.**

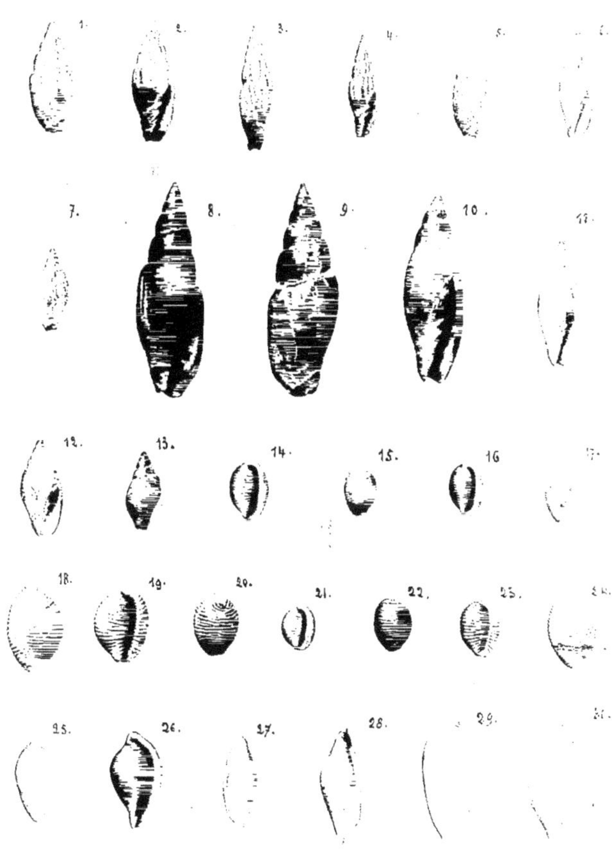

1. 2. Mitra Ebenus. Lk.
3. 4. « var. plicatula. Broc.
5. 6. 7. « var. plumbea. Lk.
8. 9. « var. inflata, Monts.
10.11.12.13. Mitra cornicula Lin.
14. 15. 16. Cypræa pulex, Soland.
17. « var. major. B. D. D.
22. 23. Cypræa Europæa. Montagu.
18. 19. 24. « var. major. Phil.
21. « var. globosa. Wood.
20. « var. tripunctata. Req.
25. 26. Ovula. carnea. Poiret.
27. 28. « Spelta. Lin.
29. 30. « Adriatica. Sow.

Bucquoy & Dautzenberg.

MOLLUSQUES DU ROUSSILLON

PLANCHE 17.

Classe GASTROPODA (Cuvier)

ORDRE I **Prosobranchiata**
SECTION B **Holostomata**

FAMILLES **Naticidæ**
GENRE, **Natica** (Adanson)

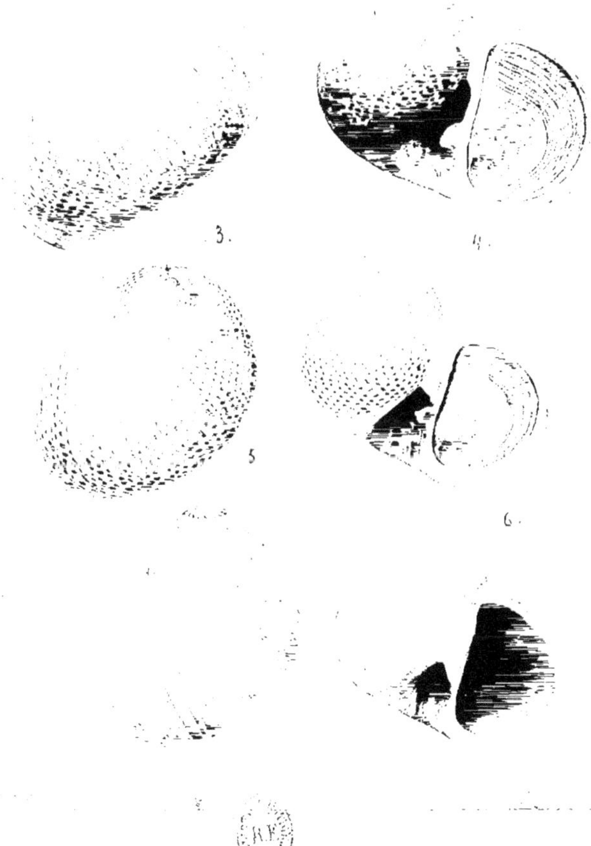

1, 2. Natica hebræa (Martyn)   3, 4 Natica millepunctata (Lamarck)
5; 6. Natica catena (Da Costa)

Bucquoy, Dautzenberg & Dollfus.

MOLLUSQUES DU ROUSSILLON

PLANCHE 18.

Classe GASTROPODA (Cuvier)

ORDRE I **Prosobranchiata** FAMILLES **Naticidæ**
SECTION B **Holostomata** GENRE **Natica, Lamellaria**

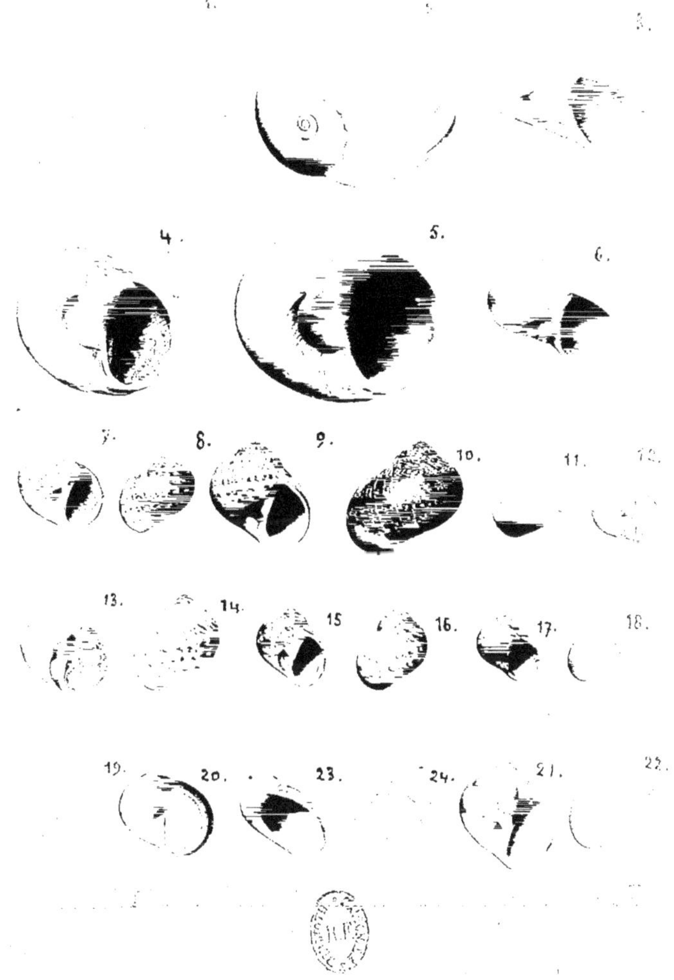

1, 2, 3, 4. Natica Josephinia . Risso.
5. « « var. cælata . BDD.
6. « « var. Philippiana . Reeve.
7, 8, 9. « intricata .Donovan.
10 « « var. major .Monts.
11 « « var. lactea .Monts.
12 « « var. fusca .Monts.
13. 14. Natica Alderi . Forbes.
15. 16 « « var. elata. B. D. D.
17. 18 « « var. globulosa .B. D. D.
19. 20 « Dillwyni .Payraudeau.
21, 22 « Guillemini .Payraudeau.
23, 24 Lamellaria perspicua .Linné.

Bucquoy, Dautzenberg & Dollfus.

MOLLUSQUES DU ROUSSILLON

PLANCHE **19**.

Classe GASTROPODA (Cuvier)

ORDRE I **Prosobranchiata** FAMILLES **Pyramidellidæ,**
SECTION B **Holostomata** GENRE **Odostomia,**

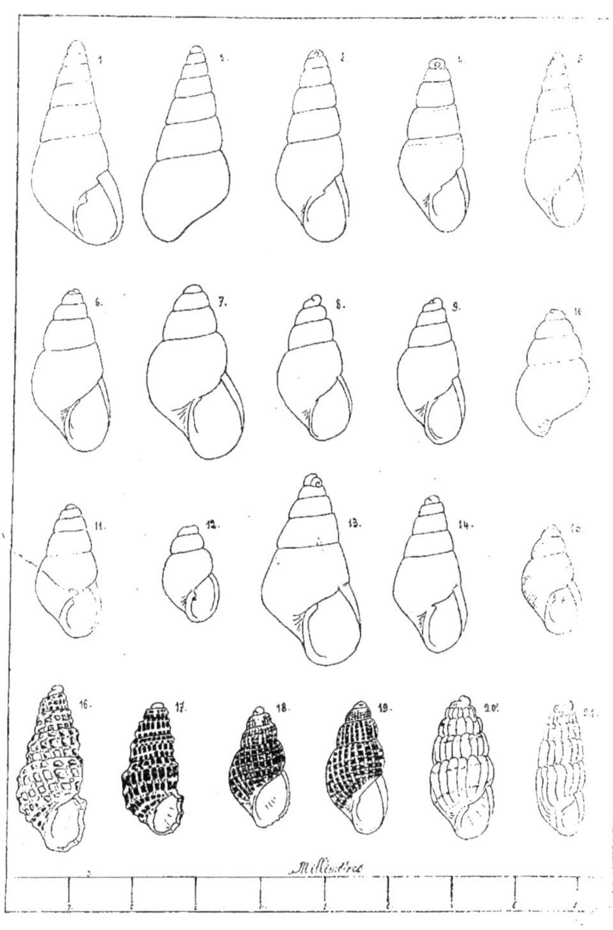

1, 2, Odostomia turrita .Hanley.
3. 4. 5, « plicata .Montagu.
6, 7, 8, 9, 10 « rissoides .Jeffreys.
11 « « var. nitida .Alder.
12 « « var. alba .Jeffreys.
13, 14, Odostomia unidentata ,Mtg.
15. « Monterosatoi .B.D.D.
16, 17, « excavata .Phil.
18. 19, « decussata .Mtg.
20. « doliolum .Phil.
21. « « var cylindrica .B.D.D

Bucquoy, Dautzenberg & Dollfus.

MOLLUSQUES DU ROUSSILLON

PLANCHE 20.

Classe GASTROPODA (Cuvier)

ORDRE I **Prosobranchiata** FAMILLES **Pyramidellidæ,**
SECTION B **Holostomata** GENRES **Odostomia, Turbonilla, Eulimella, Eulima.**

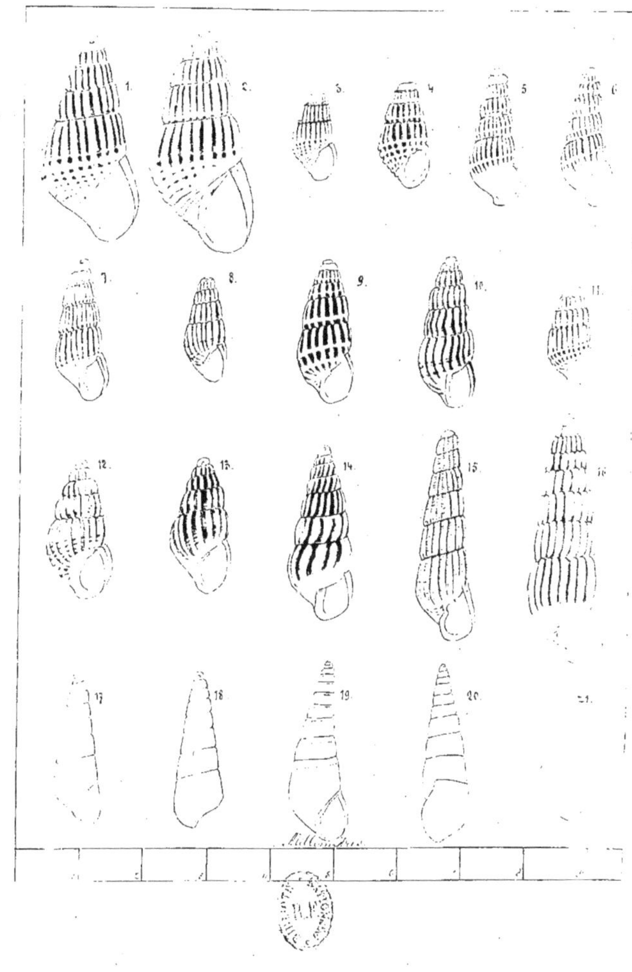

1, 2, Odostomia spiralis .Montagu.
3, 4. « turbonilloides .Brusina,
5, 6, « emaciata .Brusina.
7. « interstincta .Mtg
8, 9, « Jeffreysi .B.D.D.
10. « « var.flexicosta .B.D.D
11, « Penchynati .B.D D.
12, 13, Odostomia monozona .Brus.
14, Turbonilla obliquata .Phil.
15, « rufa .Phil.
16, « pusilla .Phil.
17, 18, Eulimella acicula .Phil.
19, 20, 21, Eulima incurva .Renieri.

Bucquoy, Dautzenberg & Dollfus.

MOLLUSQUES DU ROUSSILLON

PLANCHE **21.**

Classe GASTROPODA (Cuvier)

ORDRE I **Prosobranchiata** FAMILLES **Pyramidellidæ,**
SECTION B **Holostomata** GENRES **Odostomia, Turbonilla, Eulima, Menestho.**

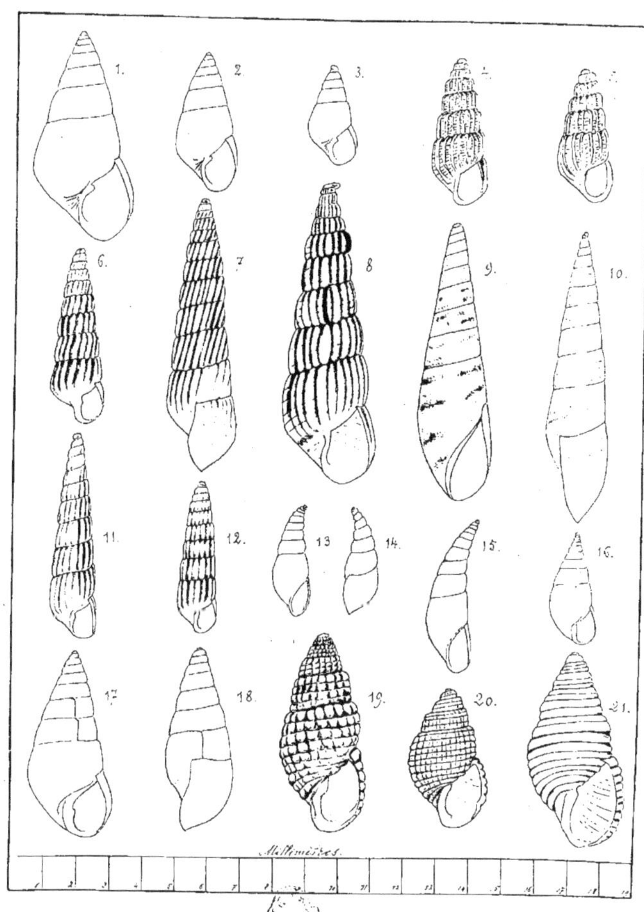

1, 2, 3, Odostomia conoidea Brocchi.
4, 5, « scalaris Phil.
6, 7, Turbonilla lactea Linné.
8, « striatula Linné.
9. 10. Eulima subulata Donovan.
11, Turbonilla densecostata Phil.
12, « gradata. Monterosato
13, 14, Eulima curva Jeffreys.
15, Eulima curva. var. elongata B. D. D.
16, « polita Linné, var. brevis. Requien.
17, 18, « « « (type)
19, Menestho Humboldti. Risso, var. tuberculata B. D. D.
20, Menestho Humboldti. Risso. (type)
21, « « « var. sulcata B. D. D.

Bucquoy, Dautzenberg & Dollfus.

MOLLUSQUES DU ROUSSILLON

PLANCHE **22**.

Classe GASTROPODA (Cuvier)

ORDRE I **Prosobranchiata** FAMILLE **Cerithiadæ.**
SECTION B **Holostomata** GENRE **Cerithium**

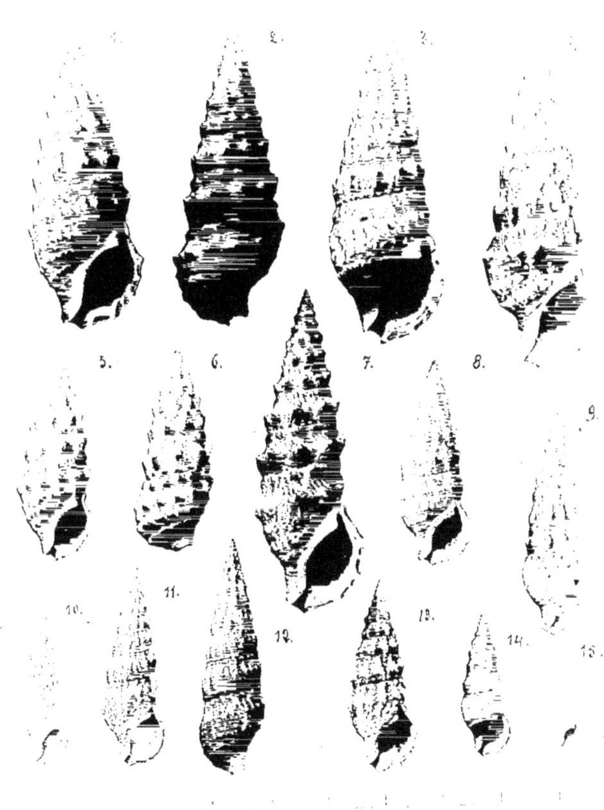

1, 2, Cerithium vulgatum Bruguière (type)	9. Cerithium vulgatum Brug. var. gracilis Phil.
3. « « var. nodulosa Philippi	10. « « var. longissima B. D. D.
4. « « var. alucaster Brocchi	11, 12. « « var. seminuda B. D. D.
5, 6 « « var. tuberculata Phil.	13 « « var. hirta B. D. D.
7. « « var. spinosa Blainv. (non Phil.)	14 « « var. repanda Monterosato
8, « « var mutica B. D. D.	15 « « var pulchella Phil.

Bucquoy, Dautzenberg & Dollfus.

MOLLUSQUES DU ROUSSILLON

PLANCHE **23.**

Classe GASTROPODA (Cuvier)

ORDRE I **Prosobranchiata** — FAMILLES **Cerithiadæ, Turritellidæ.**
SECTION B **Holostomata** — GENRES **Cerithium, Aporrhaïs, Scalaris.**

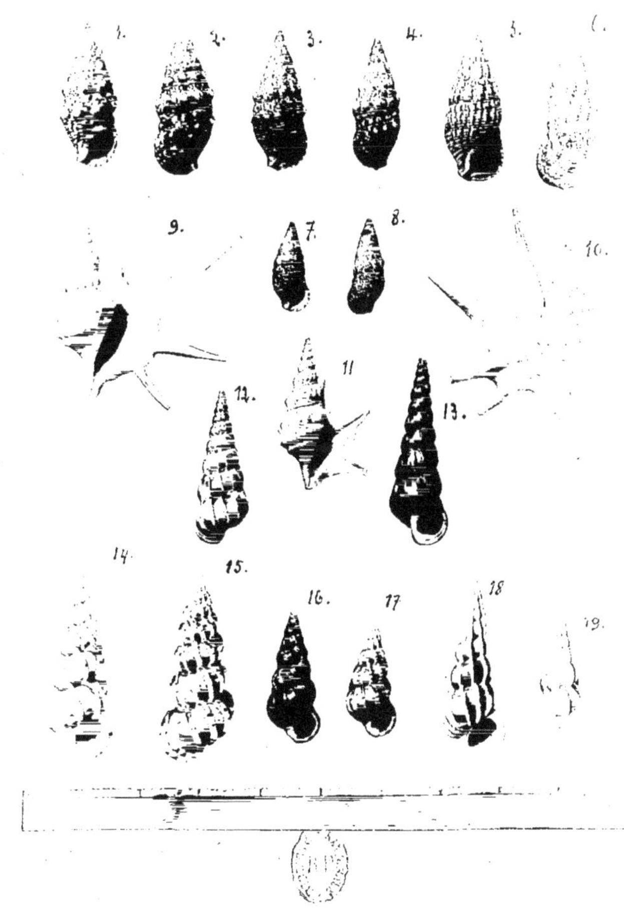

1, 2, Cerithium rupestre Risso
3, 4, « « var. attenuata .B. D. D.
5, 6, « « var plicata .B. D. D.
7, 8, « « var minor .B. D. D.
9, 10, Aporrhaïs Serresianus Michaud.
11, Aporrhaïs pes-pelecani L. var minor .B. D. D
12, 13, Scalaria Turtonœ (Turton) auct.
14, 15, 16, 17. « communis Lamarck.
18, 19, « commutata Monterosato.

Bucquoy, Dautzenberg & Dollfus.

MOLLUSQUES DU ROUSSILLON

PLANCHE **24.**

Classe GASTROPODA (Cuvier)

ORDRE I **Prosobranchiata** FAMILLE **Cerithiadæ.**
SECTION B **Holostomata** GENRE **Aporrhaïs.**

1, 2, Aporrhaïs pes-pelecani Linné.
3, « « var. robusta B. D. D.
4, 5, « « var. oceanica B. D. D.
6. Aporrhaïs pes-pelecani var. albida Jeffreys.
7, 8, 9. « « juvenis.

Bucquoy, Dautzenberg & Dollfus.

MOLLUSQUES DU ROUSSILLON

PLANCHE **25**.

Classe GASTROPODA (Cuvier)

ORDRE I **Prosobranchiata** FAMILLE **Cerithiadæ**
SECTION B **Holostomata** GENRE **Bittium**

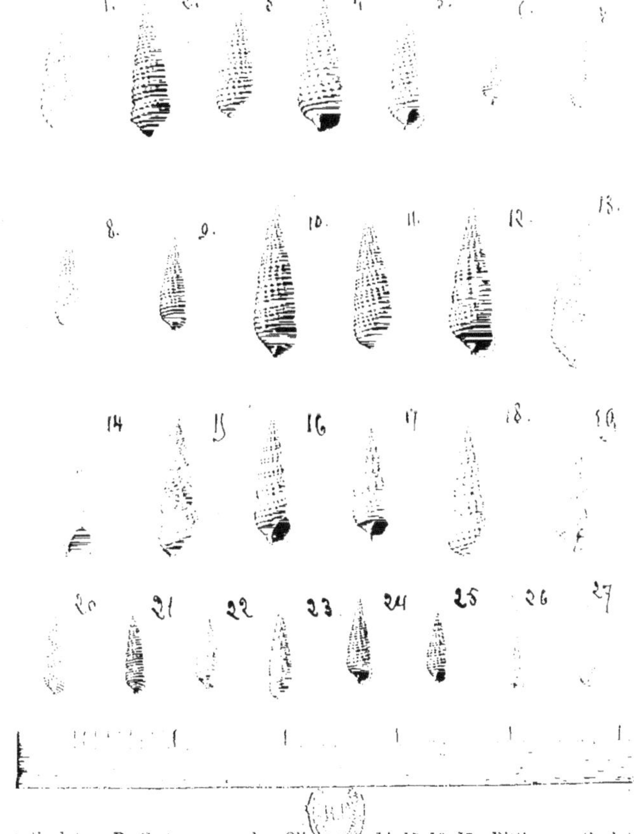

1, 2, Bittium reticulatum Da Costa. var. scabra Olivi (Chioggia)
3, 4, 5, — — type (Arcachon)
6, 7, — — (Paulilles)
8, 9. — — (Croisic)
10, 11, 12, 13, — var. Latreillei. Payr. (Paulilles)
14, 15, 16, 17, Bittium reticulatum Da Costa [var paludosa B. D. D. (Etang de Berre)
18, 19, — — (Leucate)
20, 21. — var. Jadertina Brus. (Palerme)
22, 23, 24, 25. — (Paulilles)
26, 27, — var. exigua Monts. (Gabès)

Bucquoy, Dautzenberg & Dollfus.

MOLLUSQUES DU ROUSSILLON

PLANCHE 26.

Classe GASTROPODA (Cuvier)

ORDRE I **Prosobranchiata** FAMILLE **Cerithiadæ**
SECTION B **Holostomata** GENRES **Bittium Triforis, Cerithiopsis**

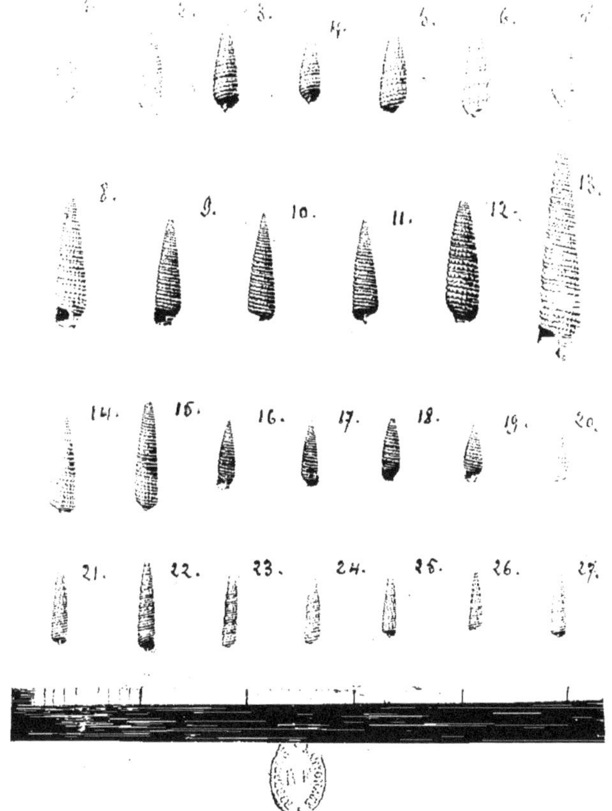

1, 2, Bittium lacteum Philippi.
3, 4, — — var. lutea .B. D. D.
5, 6, — — var. tessellata .B. D. D.
8, 9, 10, 11, 14, 15, 16, 17, Triforis perversus Linné var. adversa Montagu.
12. Triforis perversus Lin. var. bicolor Monterosato
13. — — — (type)
18, 19 20, — — var. obesula Monterosato
21, 22, 23, 24, 25, 26, 27, Cerithiopsis Metaxae .Delle Chiaje.

Bucquoy, Dautzenberg & Dollfus.

MOLLUSQUES DU ROUSSILLON

PLANCHE **27.**

Classe GASTROPODA (Cuvier)

ORDRE I **Prosobranchiata** FAMILLES **Cerithiadæ, Littorinidæ**
SECTION B **Holostomata** GENRES **Cerithiopsis, Littorina, Fossarus**

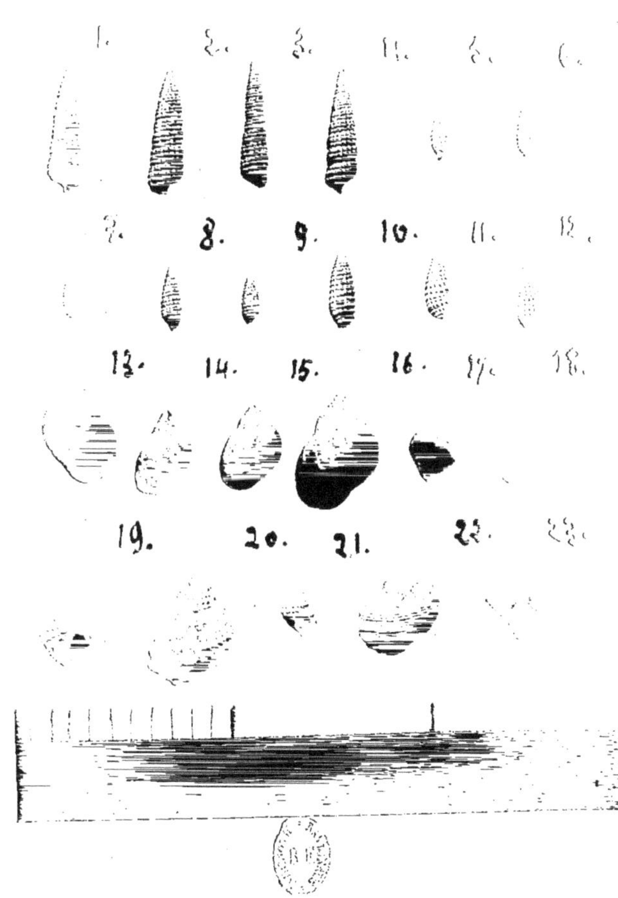

1, 2, Cerithiopsis tubercularis Montagu.
3, — — var. subulata Wood.
4, — — var. obesula .B. D. D.
5, 6, 7, 8, 9, — minima Brusina.
10, 11, 12, Cerithiopsis bilineata Hœrnes.
13, 14, 15, 16, 17, 18, Littorina neritoides Linné.
19, 20, 21, Fossarus costatus Brocchi.
22, 23. — ambiguus Linné.

Bucquoy, Dautzenberg & Dollfus.

MOLLUSQUES DU ROUSSILLON

PLANCHE **28**.

Classe GASTROPODA (Cuvier)

ORDRE I **Prosobranchiata** FAMILLES **Turritellidæ, Littorinidæ**
SECTION B **Holostomata** GENRES **Turritella, Solarium**

1, 2, 4, Turritella triplicata Brocchi
3, — — var. turbona Monts.
5, — — var. obsoleta B. D. D.
6, 7, 8, — communis Risso
9, 10, — — var. soluta B. D. D.

11, Turritella communis Risso var. Nivea Jeffr.
12, 13. 14, — decipiens Monts.
15, — — var. albida Mor s.
16, 17, 18, 19, Solarium hybridum Linn.

Bargnoux [illegible]

MOLLUSQUES DU ROUSSILLON

PLANCHE **29.**

Classe GASTROPODA (Cuvier)

ORDRE I **Prosobranchiata**
SECTION B **Holostomata**

FAMILLE **Turritellidæ**
GENRE **Vermetus**

1, 2, 3, Vermetus arenarius Linné

4, 5, 6, Vermetus var, dentifera Lamarckk.

Bucquoy, Dautzenberg & Dollfus.

MOLLUSQUES DU ROUSSILLON

PLANCHE **30.**

Classe GASTROPODA (Cuvier)

ORDRE I **Prosobranchiata**
SECTION B **Holostomata**

FAMILLE **Turritellidæ**
GENRE **Vermetus**

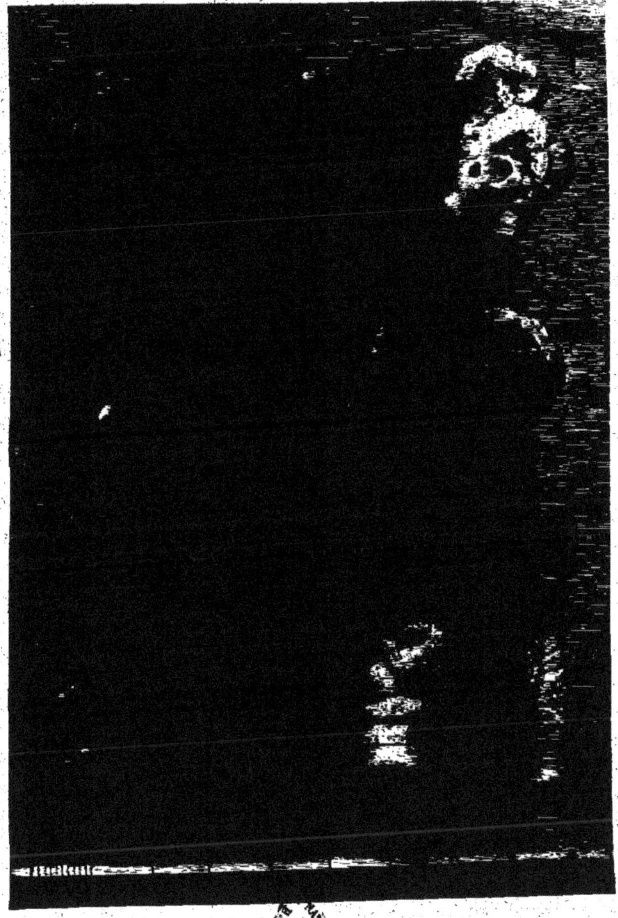

1, 2, 3, 4, 5, 6, Vermetus triqueter Bivona
7, 8, 9, 10, — cristatus Biondi

11, 12, 13, 14, Vermetus glomeratus Linné
15, 16, — intortus Lamarck

MOLLUSQUES DU ROUSSILLON

Planche 31.

Classe GASTROPODA (Cuvier)

ORDRE I. **Prosobranchiata** FAMILLE : **Littorinidæ**
SECTION B. **Holostomata** GENRE : **Rissoa**

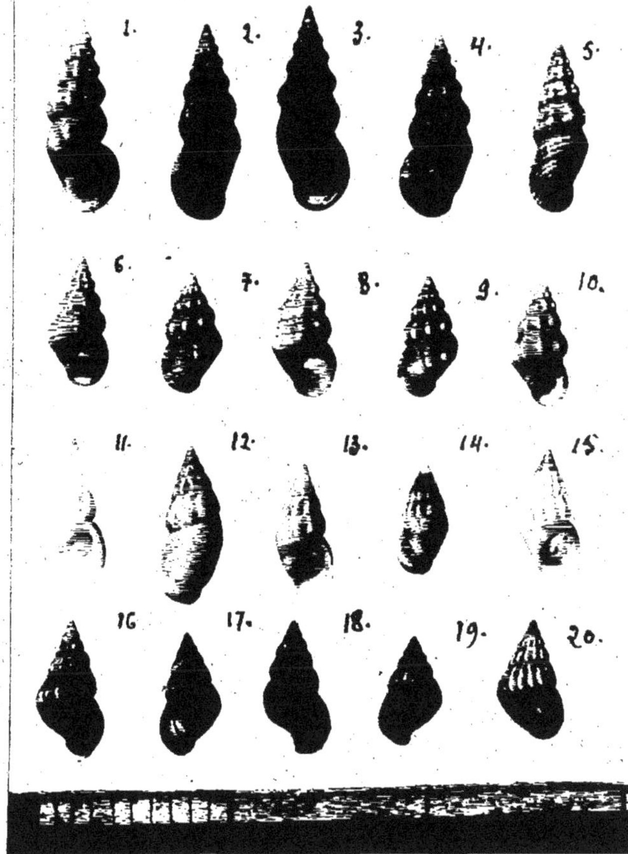

1, 2, 3, 5,	Rissoa variabilis Mühlfeld .var. elongata Monterosato.
4,	— — — (type)
6, 7, 8, 9. 10,	— — — .var. brevis Monterosato.
11, 12, 13, 15,	— ventricosa Desmarest.
14,	— — — .var. subventricosa Cantraine.
16, 17, 18, 19, 20,	— lineolata Michaud.

Bucquoy, Dautzenberg & Dollfus.

MOLLUSQUES DU ROUSSILLON

Planche 32.

Classe GASTROPODA (Cuvier)

ORDRE I. **Prosobranchiata** FAMILLE : **Littorinidæ**
SECTION B. **Holostomata** GENRES : **Rissoa, Barleeia, Truncatella**

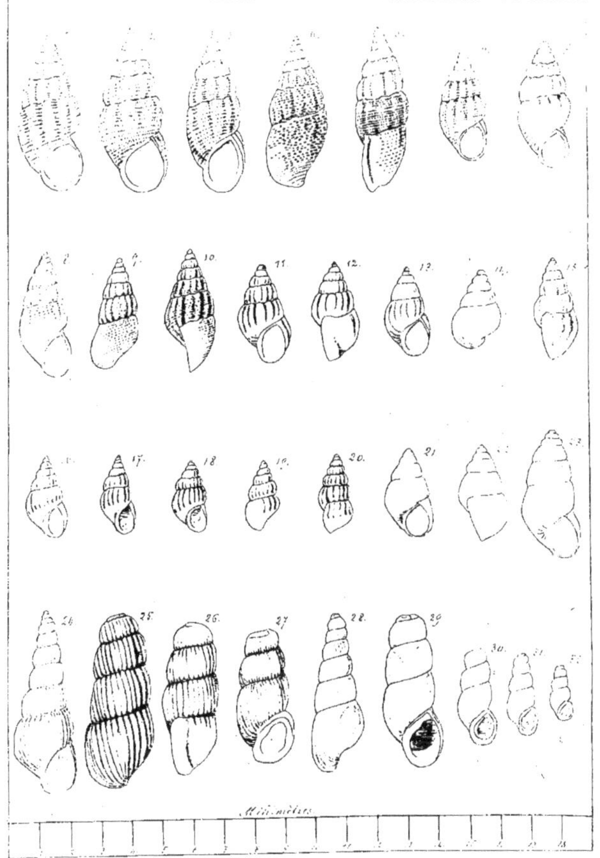

1, 2, 3, Rissoa Guerini Récluz var. subcostulata Schwartz.
4, 5, — — — (type)
6, — similis Scacchi
7, — — — var. decurtata Monts
8, 9, 10, — Lia Monterosato
11, 12, — parva Da Costa
13, 14, 15, — — var. interrupta
16, 17, 18, 19, 20, Dolium Nyst

21, 22, Barleeia rubra Adams
23, — — — var. elongata B. D. D.
24, Truncatella subcylindrica Lin (juv.)
25. 27, — — —
25, — — var. sublaevigata Pot. et Mich
28, — — var. laevigata Risso (juv.)
29, — — — — —
30, 31, 32, — var. microlena Bourguignat

Bucquoy, Dautzenberg & Dollfus.

MOLLUSQUES DU ROUSSILLON

Planche 33.

Classe GASTROPODA (Cuvier)

ORDRE I. **Prosobranchiata**
SECTION B. **Holostomata**

FAMILLE : **Littorinidæ**
GENRE : **Rissoa**

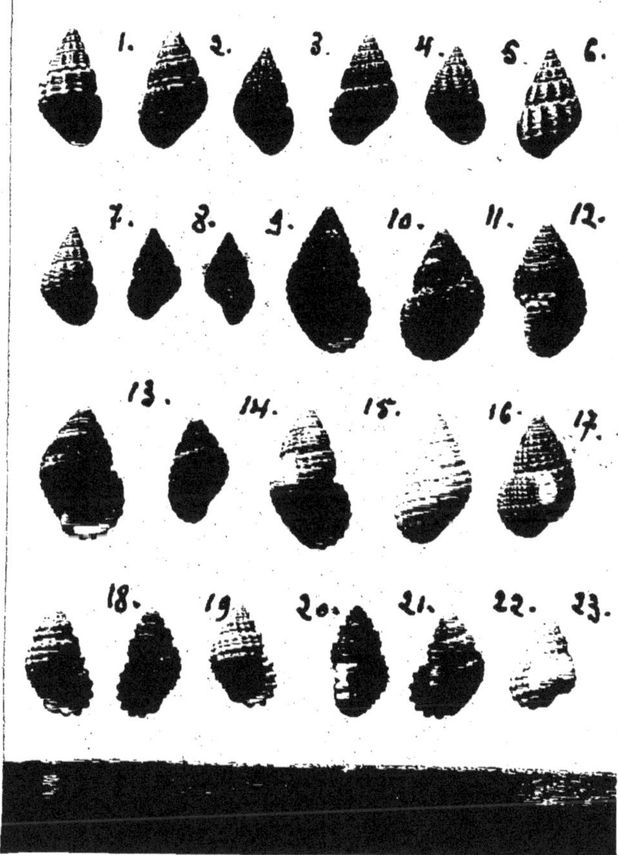

1, 2, 3, 4, 6,	Rissoa Montagui Payraudeau.
5, 7, 8, 9,	— lineata Risso.
10, 11, 12,	— cimex Linné.
13, 14,	— — — var. fasciata Philippi.
15, 17,	— — — var. varicosa B. D. D.
16,	— — — var. lactea Philippi.
18, 19, 20, 21, 22, 23,	— cancellatta Da costa.

Bucquoy, Dautzenberg & Dollfus.

MOLLUSQUES DU ROUSSILLON

Planche 34.

Classe GASTROPODA (Cuvier)

ORDRE I. **Prosobranchiata** FAMILLE : **Littorinidæ**

SECTION B. **Holostomata** GENRES : **Rissoina, Rissoa**

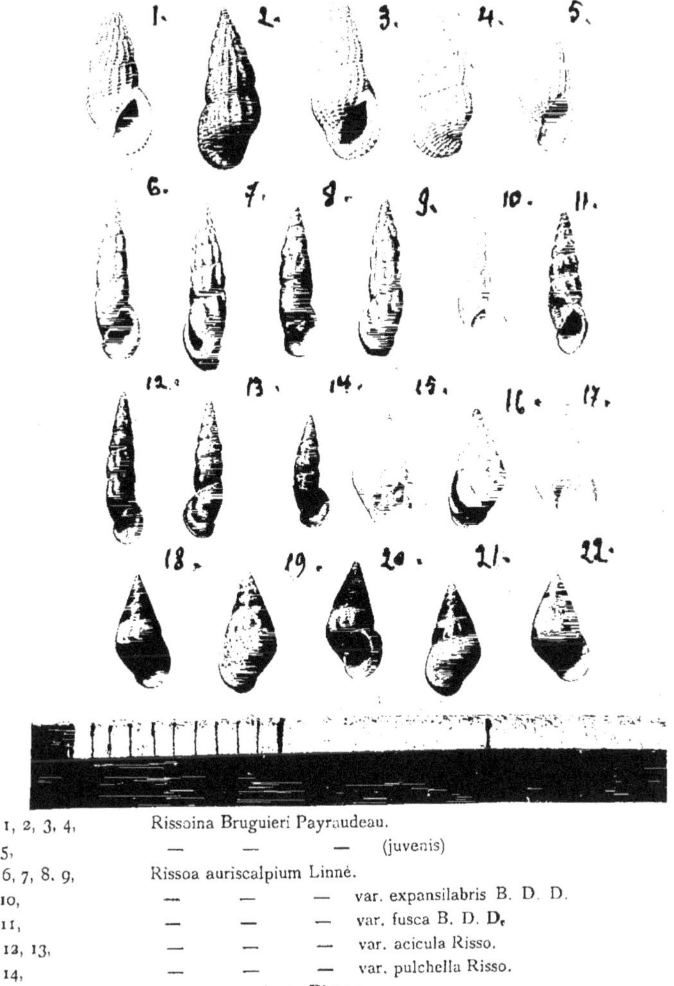

1, 2, 3, 4,	Rissoina Bruguieri Payraudeau.
5,	— — — (juvenis)
6, 7, 8, 9,	Rissoa auriscalpium Linné.
10,	— — — var. expansilabris B. D. D.
11,	— — — var. fusca B. D. D.
12, 13,	— — — var. acicula Risso.
14,	— — — var. pulchella Risso.
15, 16, 17,	— monodonta Bivona.
18, 19, 20, 21, 22,	— violacea Desmarest.

Bucquoy, Dautzenberg & Dollfus.

MOLLUSQUES DU ROUSSILLON

Planche 35.

Classe GASTROPODA (Cuvier)

ORDRE I. **Prosobranchiata** — FAMILLES : **Littorinidæ, Neritidæ**
SECTION B. **Holostomata** — GENRES : **Rissoa, Smaragdia**

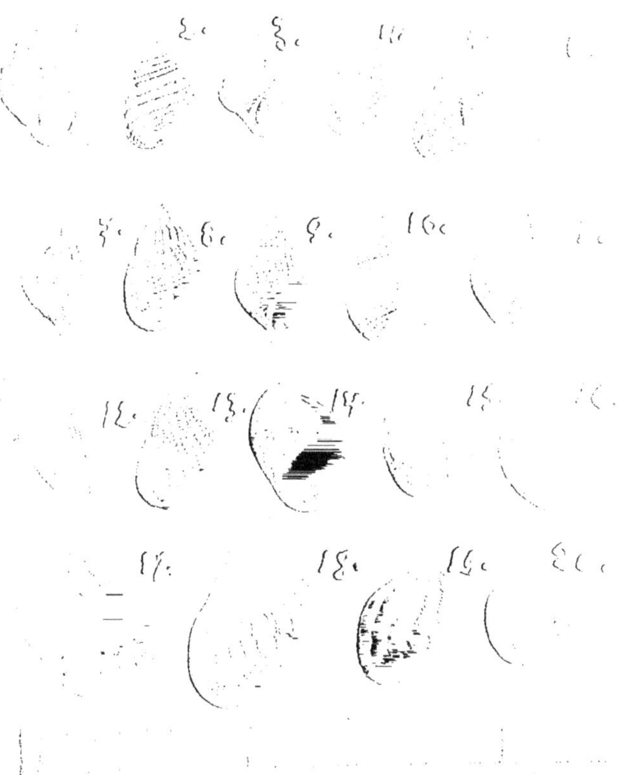

1, 2, Rissoa carinata Da Costa.
3, 4, 5, 6, — — — var. ecarinata Monts.
7, 8, 9, 10, 11, 12, 13, Rissoa lactea Michaud.
14, Smaragdia viridis Linné.
15, 16, — — — var. Matonia Risso.
17, 18, — — — var. producta B. D. D.
19, — — — var. lineata Monts.
20, — — var. albo-maculata B. D. D.

Bucquoy, Dautzenberg & Dollfus.

MOLLUSQUES DU ROUSSILLON

Planche 36.

Classe GASTROPODA (Cuvier)

ORDRE I. **Prosobranchiata** FAMILLE : **Littorinidæ**
SECTION B. **Holostomata** GENRES : **Rissoa, Assiminea**

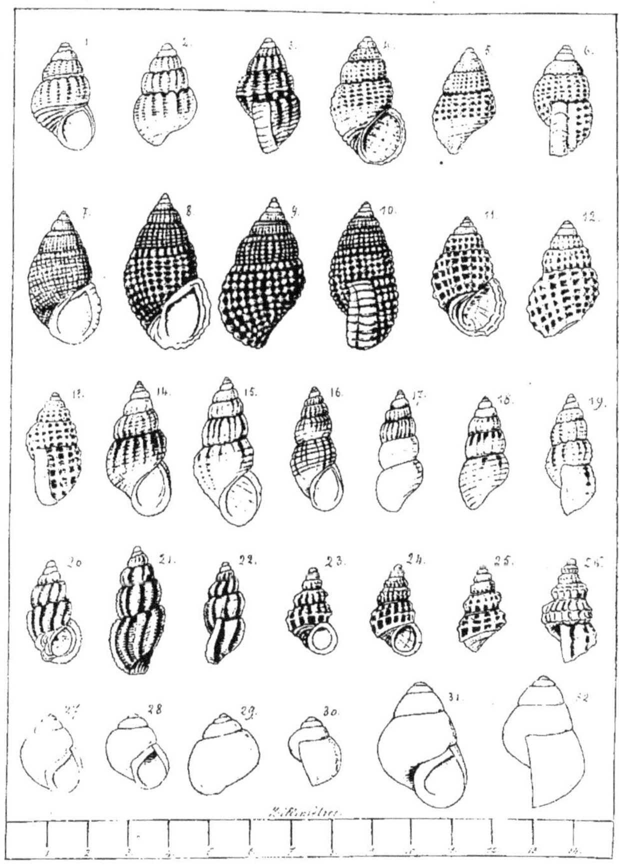

1, 2, 3, Rissoa Lanciæ Calcara
4, 5, 6, — reticulata Montagu
7, — Mariæ d'Orb
8, 9, 10, — — — var. rustica B. D. D.
11, 12, 13, — subcrenulata Schwartz
14, 15, 16, 17, 18, 19, Rissoa rudis Philippi
20, 21, 22, — Costata Adams
23, 24, 25, 26, — pagodula B. D. D.
27, 28, 29, 30, Assiminea littorina Delle Chiaje
31, 32, — Sicana Brugnone

Bucquoy, Dautzenberg & Dollfus.

MOLLUSQUES DU ROUSSILLON

Planche 37.

Classe GASTROPODA (Cuvier)

ORDRE I. **Prosobranchiata** FAMILLE : **Littorinidæ**
SECTION B. **Holostomata** GENRES : **Rissoa, Skeneia, Homalogyra**

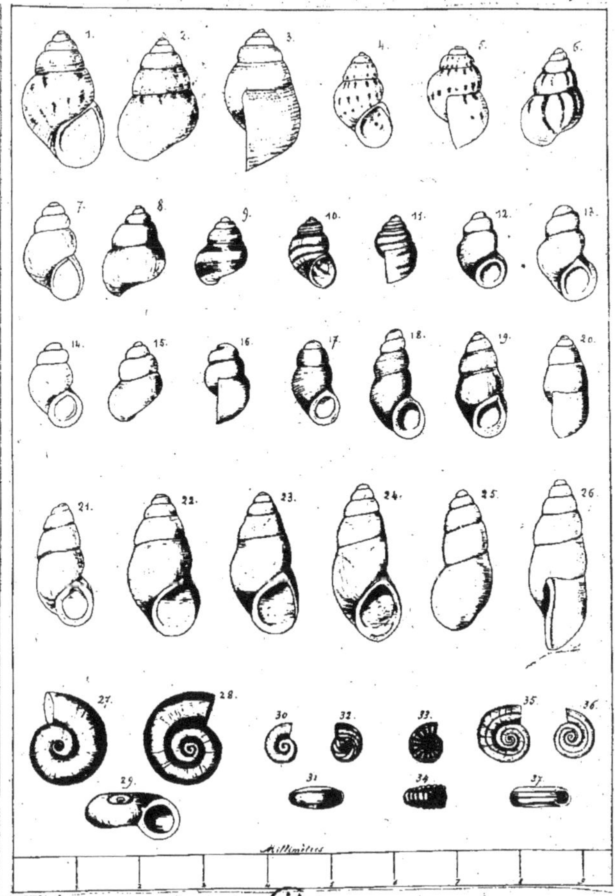

1, 2, Rissoa semistriata Montagu
3, — — var. pura jeffreys
4, 5, — pulcherrima jeffreys
6, — — var. flammulata B. D. D.
7, 8, — — var. concolor B. D. D.
9, — fulgida Adams
10, 11, — micrometrica Seguenza
12, 13, 14, 15, 16, Contorta jeffreys
17, — — var. intorta Monts
18, — — var elata B. D. D.

19, 20, Rissoa glabrata var Mühlfeld
21, — — var. turrita B. D. D.
22, 23, — nitida Brusina
24, 25, 26, — var. elongata Monts
27, 28, 29, Skeneia planorbis O. Fabricius
30, 31, Homalogyra atomus Philippi
32, — — var. polyzona Brusina
33, 34, — rota Forbes et Hanley
35, 36, 37, — Fischeriana Monterosato

Bucquoy, Dautzenberg & Dollfus.

MOLLUSQUES DU ROUSSILLON

Planche 38.

Classe GASTROPODA (Cuvier)

ORDRE I. **Prosobranchiata** FAMILLE : **Turbinidæ**
SECTION B. **Holostomata** GENRE : **Turbo**

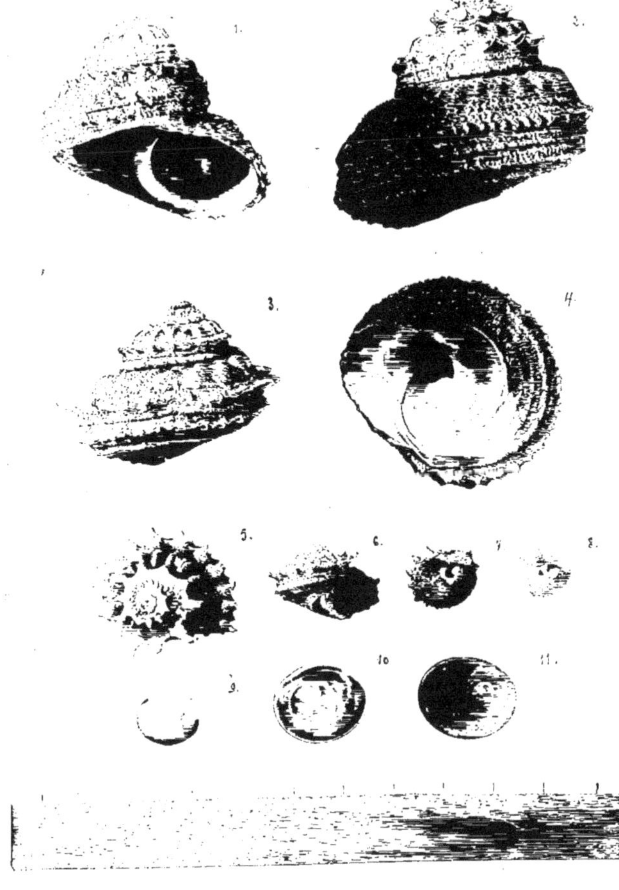

1, 2, 3, 4, Turbo rugosus Linné
5, 6, 7, 8, — — — (juv.)
9, 10, 11, — — — (Opercules.)

Bucquoy, Dautzenberg & Dollfus.

MOLLUSQUES DU ROUSSILLON

Planche 39.

Classe GASTROPODA (Cuvier)

ORDRE I. **Prosobranchiata** — FAMILLE : **Turbinidæ**

SECTION B. **Holostomata** — GENRE : **Phasianella**

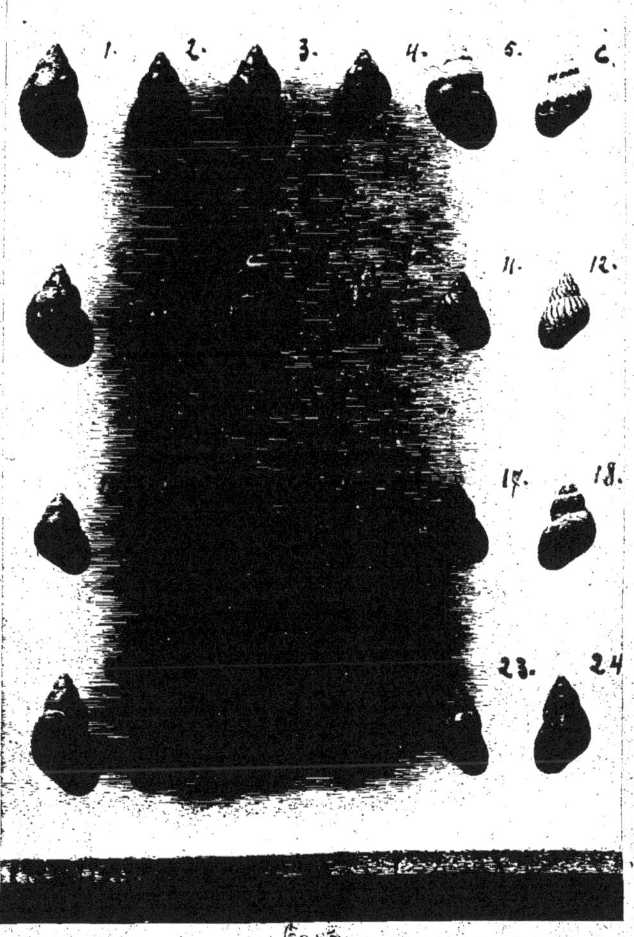

1, 2, 3,	Phasianella pullus Linné
4,	— — — ver. flammulata B. D. D.
5, 6,	— — — var. lineata Monts
7, 8,	— — — var. tricolor Monts
9, 10,	— — — var. [illegible] Monts
11, 12,	[illegible]

MOLLUSQUES DU ROUSSILLON

Planche 40.

Classe GASTROPODA (Cuvier)

ORDRE I. **Prosobranchiata**
SECTION B. **Holostomata**

FAMILLE : **Turbinidæ**
GENRES : **Phasianella, Turbo**

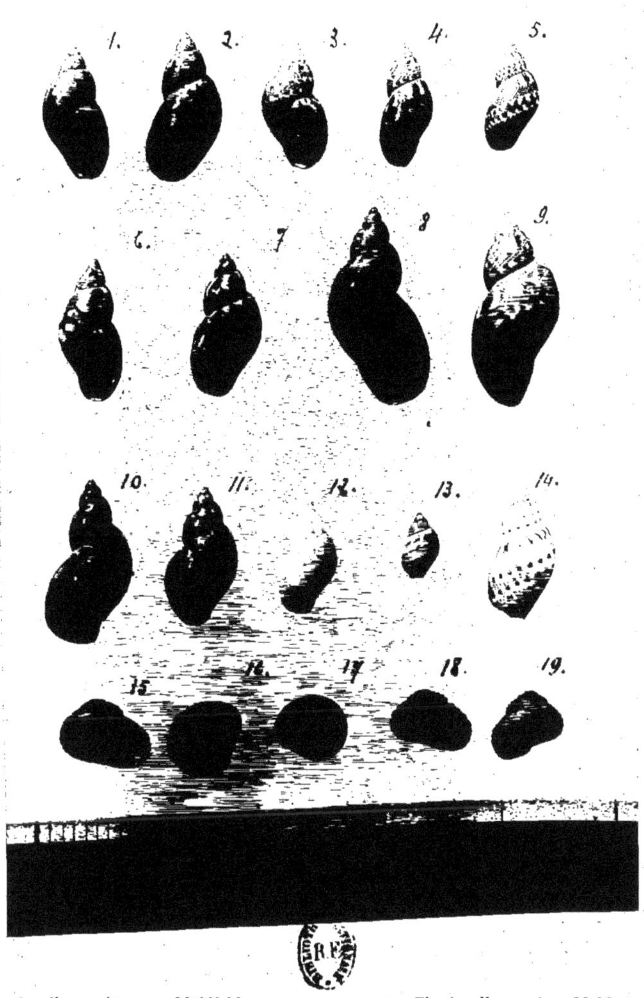

1, 2, 3, 4, 5. Phasianella speciosa von Mühlfeld
6, 7, — — — var. marmorata Monts
8, 9, — — — var. major Monts
10, — — — var. rubra Risso
11, — — — var lactea Monts

12, Phasianella speciosa Muhl var. lactea Monts
13, 14, — — — var. spirolineata Mo
15, 16, 17, Turbo sanguineus Linné
18, 19, — — — var. fusca Dau

Bucquoy, Dautzenberg & Do

MOLLUSQUES DU ROUSSILLON

Planche 41.

Classe *GASTROPODA* (*Cuvier*)

ORDRE I. **Prosobranchiata**
SECTION B. **Holostomata**

FAMILLE : **Turbinidæ**
SOUS-FAMILLE : **Trochidæ**
GENRE : **Trochus**

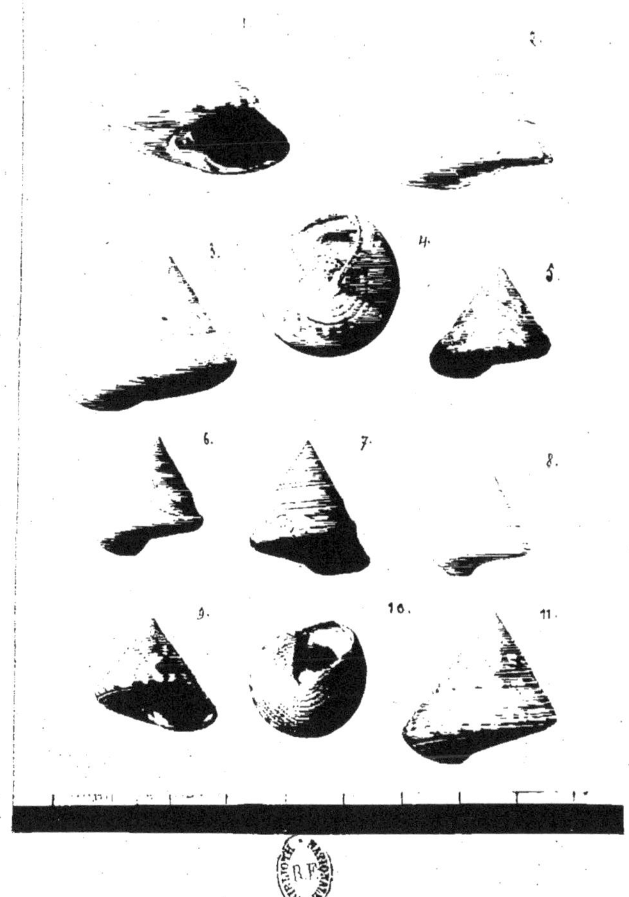

1, 2, 4, 5, Trochus zizyphinus (Linné)
3, — — var. dilatata (Monts)
6, 7, — — var. strangulata (B. D. D.)

9, 10, 11, Trochus conuloides (Lamarck)
8, — — var. Lyonsii (Leach)

Bucquoy, Dautzenberg & Dollfus.

MOLLUSQUES DU ROUSSILLON

Planche 42.

Classe GASTROPODA (Cuvier)

ORDRE I. **Prosobranchiata**
SECTION B. **Holostomata**

FAMILLE : **Turbinidæ**
SOUS-FAMILLE : **Trochidæ**
GENRE : **Trochus**

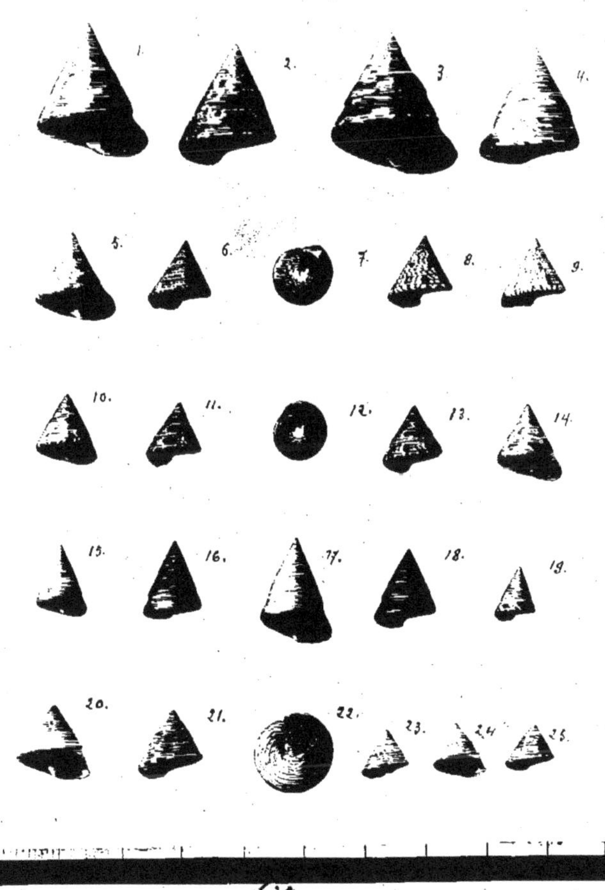

1, 2, 3, Trochus conulus (Linné)
4, — — var. subangulata (B.D.D.)
5, 6, 7, — dubius (Philippi)
8, 9, — — var. spongiarum (B. D. D.)
10, 11, 12, 13, 14, — Laugieri (Payraudeau)

15, 16, 18, 19, Trochus Gualtierianus (Philippi)
17, — — var. pallida (Monts)
20, — miliaris (Brocchi) Marseille
21, 22, — — — Norwège
23, 24, 25, — — — Roussillon

Bucquoy, Dautzenberg & Dollfus.

MOLLUSQUES DU ROUSSILLON

Planche 43.

Classe GASTROPODA (Cuvier)

ORDRE I. **Prosobranchiata**
SECTION B. **Holostomata**

FAMILLE : **Turbinidæ**
SOUS-FAMILLE : **Trochidæ**
GENRE : **Trochus**

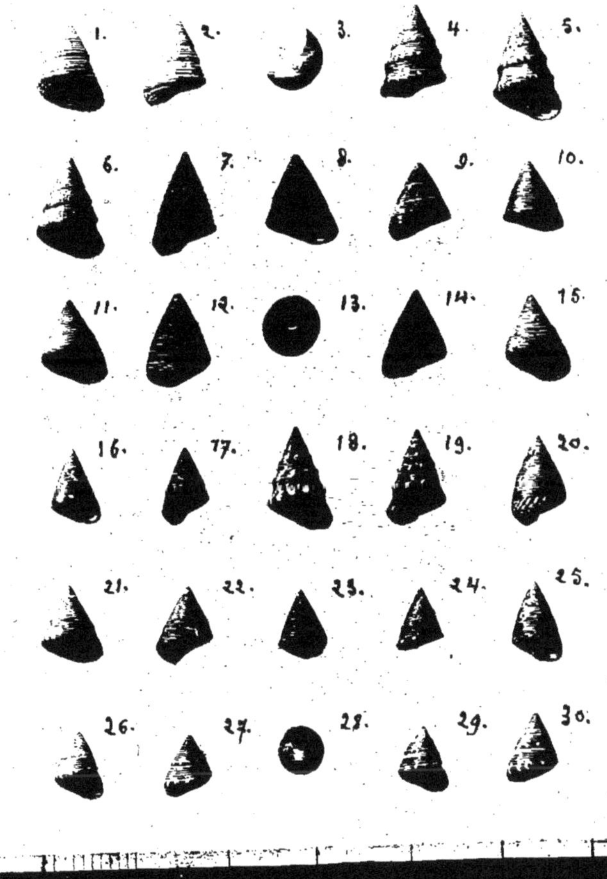

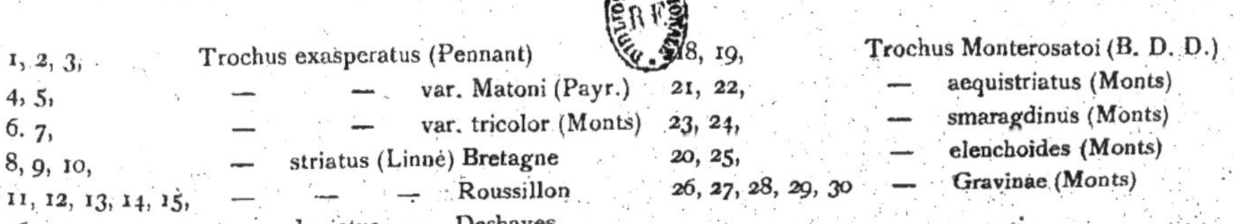

1, 2, 3,	Trochus exasperatus (Pennant)	18, 19,	Trochus Monterosatoi (B. D. D.)
4, 5,	— — var. Matoni (Payr.)	21, 22,	— aequistriatus (Monts)
6. 7,	— — var. tricolor (Monts)	23, 24,	— smaragdinus (Monts)
8, 9, 10,	— striatus (Linné) Bretagne	20, 25,	— elenchoides (Monts)
11, 12, 13, 14, 15,	— — — Roussillon	26, 27, 28, 29, 30	— Gravinae (Monts)
16, 17,	— depictus — Deshayes		

Bucquoy, Dautzenberg & Dollfus.

MOLLUSQUES DU ROUSSILLON

Planche 44.

Classe GASTROPODA (Cuvier)

ORDRE I. **Prosobranchiata**
SECTION B. **Holostomata**

FAMILLE : **Turbinidæ**
SOUS-FAMILLE : **Trochidæ**
GENRE : **Trochus**

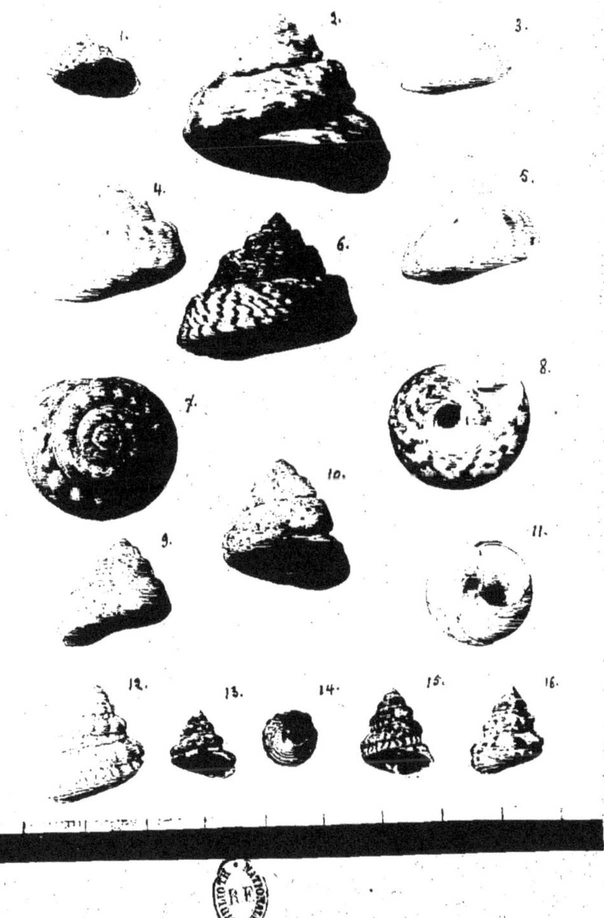

4, 5, 7, 8, Trochus magus (Linné)
2, 6, — — var. major (Réquien)
1, 3, — — var. obsoleta (B. D. D.)
9, 10, 11, — — var. producta (B. D. D.)

13, 14, 16, Trochus fanulum (Gmelin)
12 — — var. albo-sordida (scacchi)
15 — — var. varia (Scacchi)

Bucquoy, Dautzenberg & Dollfus.

MOLLUSQUES DU ROUSSILLON

Planche 45.

Classe GASTROPODA (Cuvier)

Ordre I. **Prosobranchiata**
Section B. **Holostomata**

Famille : **Turbinidæ**
Sous-Famille : **Trochidæ**
Genre : **Trochus**

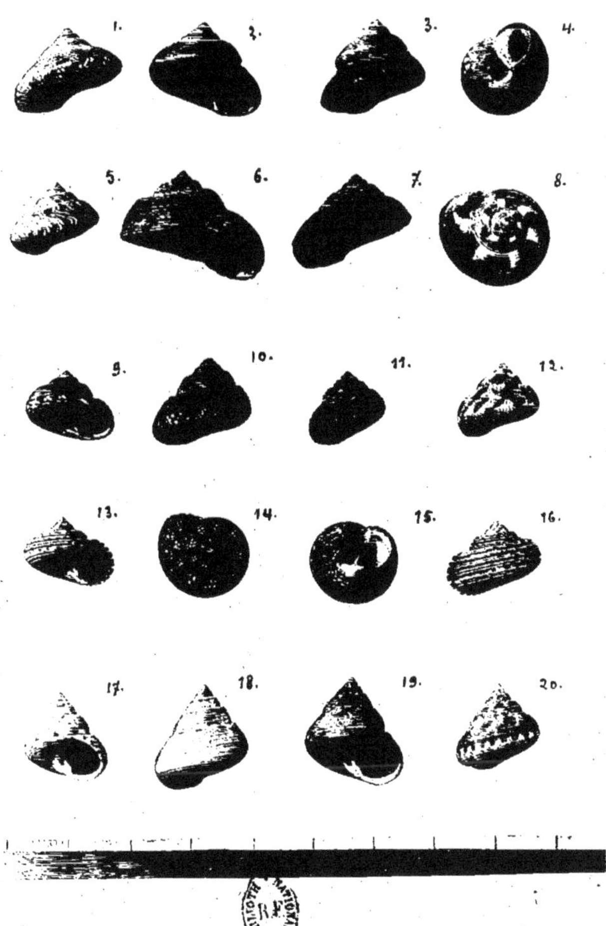

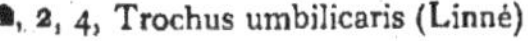

1, 2, 4, Trochus umbilicaris (Linné)
3, — — monstr. soluta (Phil)
5, — — var undulata (B. D. D.)
6, 7, — — var. latior (Monts)
8, — — — ex. f. — et ex col. (Doriæ (Tapp. C.)

9, 11, Trochus ardens (von Salis)
10, — — var. elata (Scacchi)
12, — — var. ornata (Monts)
13, 14, 15, 16, — — var. succincta (Monts)
17, 18, 19, 20, — — var. barbara (Monts)

Bucquoy, Dautzenberg & Dollfus.

MOLLUSQUES DU ROUSSILLON

Planche 46.

Classe GASTROPODA (Cuvier)

Ordre I. **Prosobranchiata**
Section B. **Holostomata**

Famille : **Turbinidæ**
Sous-Famille : **Trochidæ**
Genre : **Trochus**

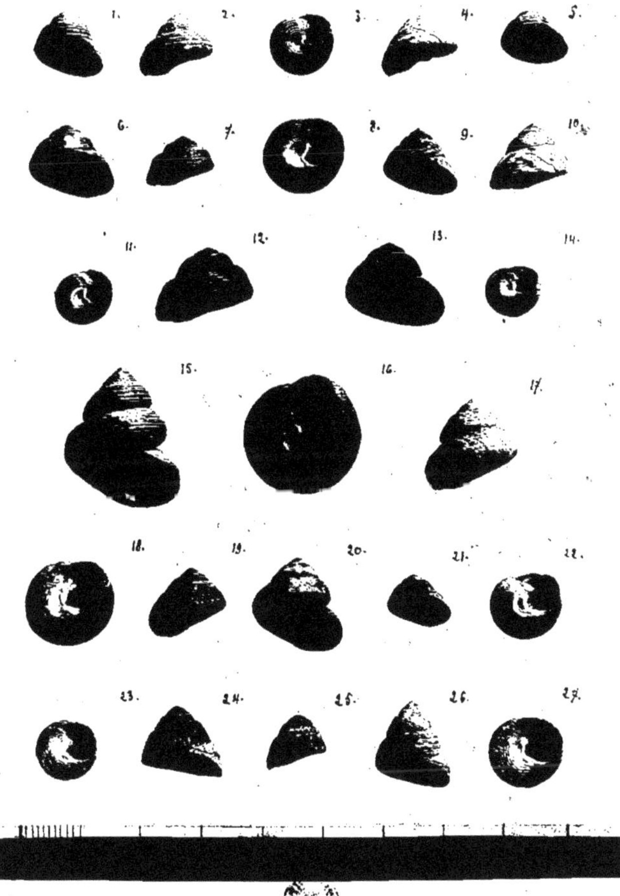

1, 2, 3, 4, 5.	Trochus Philberti (Récluz.)
6, 7, 8, 9, 11, 14.	— varius (Linné)
10.	— — var. marmorata (Réquien)
12, 13.	— — var. major (Monte)
15, 16, 17, 18, 19, 20, 21, 22.	— divaricatus (Linné)
23, 24, 25, 26, 27.	— rarilineatus (Michaud)

Bucquoy, Dautzenberg & Dollfus.

MOLLUSQUES DU ROUSSILLON

Planche 47.

CLASSE GASTROPODA (CUVIER)

ORDRE I. **Prosobranchiata**
SECTION B. **Holostomata**

FAMILLE : **Turbinidæ**
SOUS-FAMILLE : **Trochidæ**
GENRE : **Trochus**

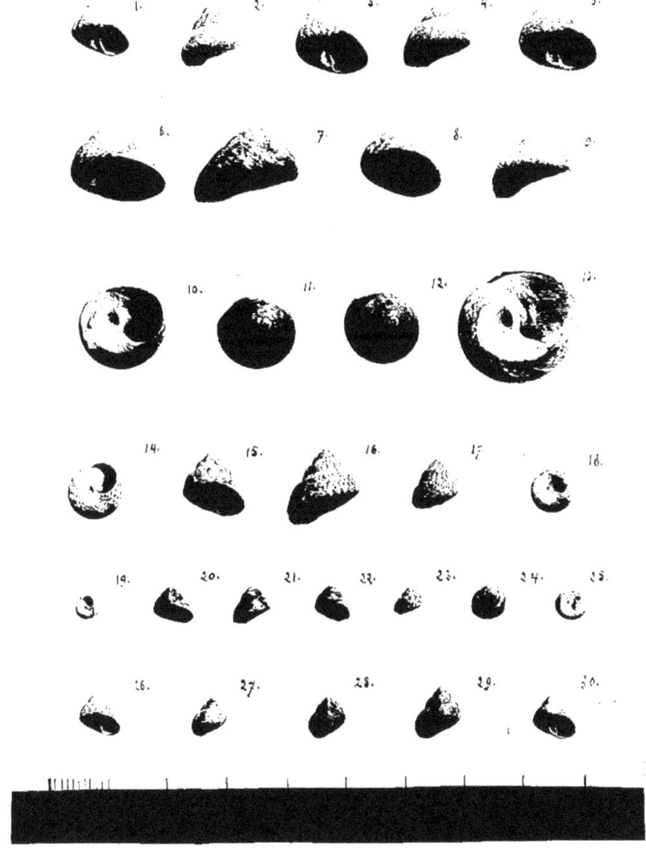

1, 2, 3, 4, 5.	Trochus Adansoni (Payraudeau)
6, 7, 8, 9, 10, 11.	— Richardi —
12,	— — var. zigzag (Monts).
13.	— — var. major (B. D. D.)
14, 15, 16.	— tumidus (Montagu) mers du nord
17, 18.	— — — Roussillon
19, 20, 21, 22, 23, 24, 25.	— Racketti (Payraudeau) var. gibbosula (Brusina)
26, 27, 28.	— turbinoides (Deshayes)
29, 30.	— — var. rosea (Monts)

Bucquoy, Dautzenberg & Dollfus.

MOLLUSQUES DU ROUSSILLON

Planche 48.

CLASSE GASTROPODA (CUVIER)

ORDRE I. **Prosobranchiata**
SECTION B. **Holostomata**

FAMILLE : **Turbinidæ**
SOUS-FAMILLE : **Trochidæ**
GENRE : **Trochus**

1, 3, 4, 5.	Trochus granulatus (Born).	
2.	— —	var. maculata (Monts).
6, 8, 9, 10, 11.	— turbinatus (Born).	
7.	— —	var. major (B. D. D.)

Bucquoy, Dautzenberg & Dollfus.

MOLLUSQUES DU ROUSSILLON

Planche 49.

CLASSE GASTROPODA (CUVIER)

ORDRE I. **Prosobranchiata**
SECTION B. **Holostomata**

FAMILLE : **Turbinidæ**
SOUS-FAMILLE : **Trochidæ**
GENRE : **Trochus**

1, 3, 5. Trochus articulatus (Lamarck)
7, 10. — — — (juv.)
2. — — — var. major (B. D. D.)
4. — — — var. nigro et albo articulata (Req.)
6. — — — — lineolata (B. D. D.)
8, 9. — crassus (Pulteney)
11, 12, 13, 14. — mutabilis (Philippi)

Bucquoy, Dautzenberg & Dollfus.

MOLLUSQUES DU ROUSSILLON

Planche 50.

CLASSE GASTROPODA (CUVIER)

ORDRE I. **Prosobranchiata**
SECTION B. **Holostomata**

FAMILLE : **Turbinidæ**
SOUS-FAMILLE : **Trochidæ**
GENRE : **Clanculus Danilia**

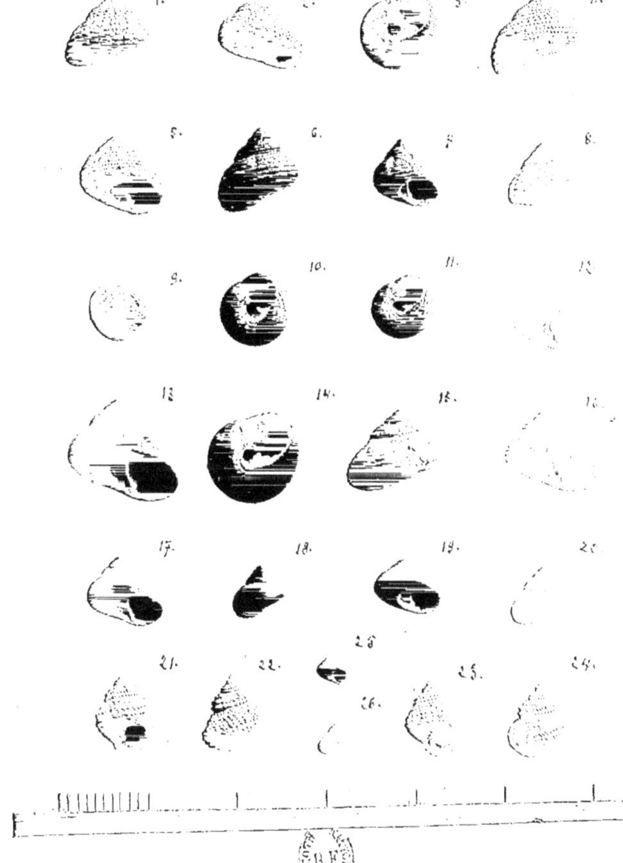

1, 2. Clanculus corallinus (Gmelin).
3, 4. — — var. brunnea (Réq.)
5, 6, 10. 11, — cruciatus (Linné).
7, 8, 9. — — var. rosea (Monts)
12. — — var. candida —
13, 14. — Jussieui (Payraudeau).
15, 16. Clanculus Jussieui var. glomus (Phil.)
17, 18. — — var. striata (Monts.
19, 20. — — var. roseo-carnéa —
21, 22, 23. 24. Danilia Tinei (Calcara).
25, 26. Trochus Drepanensis (Brugnone

Bucquoy, Dautzenberg & Dollfus.

MOLLUSQUES DU ROUSSILLON

PLANCHE 51

Classe GASTROPODA (Cuvier)

ORDRE I PROSOBRAOCHIATA FAMILLES TURBINIDÆ-ADEORBIDÆ HALIOTIDÆ PATELLIDÆ SIPHONARIIDÆ
SECTION B HOLOSTOMATA GENRES CIRCULUS, ADEORBIS, SCISSURELLA ACMAEA WILLIAMIA

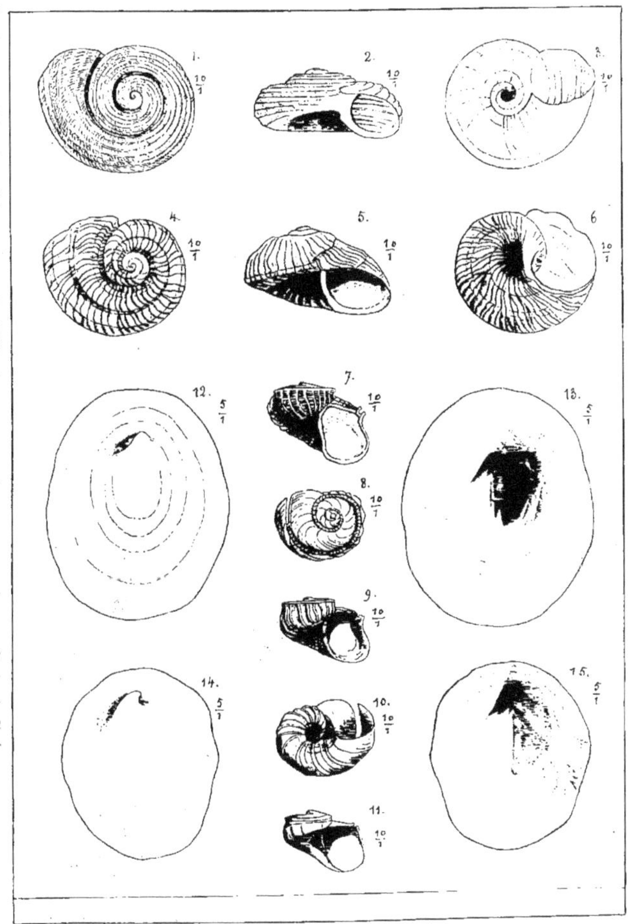

1, 2, 3. Circulus striatus Philippi.
[illegible]. Scissurella costata var. cancellata Jeffreys.
4, 5, 6. Adeorbis subcarinatus Montagu.
11. » » var. laevigata d'Orbigny
8, 9, 10. Scissurella costata d'Orbigny.
12, 13. Acmaea virginea Müller.
14, 15. Williamia Gussonii O. G. Costa.

Bucquoy, Dautzenberg & G. Dollfus.

MOLLUSQUES DU ROUSSILLON

Planche 52

Classe GASTROPODA (Cuvier)

Ordre I Prosobranchiata
Section B Holostomata

Famille Haliotidæ.
Genre Haliotis (Linné).

1. 2. 3. 4. Haliotis lamellosa Lamarck type.
5. » » var. marmorata O. G. Costa.
6. » » var. bistriata O. G. Costa.
7. » » var. varia Risso

Bucquoy, Dautzenberg & G. Dollfus.

MOLLUSQUES DU ROUSSILLON

PLANCHE 53

Classe GASTROPODA (Cuvier)

ORDRE I	**Prosobranchiata**	FAMILLE	**Fissurellidæ**
SECTION B	**Holostomata**	GENRE	**Fissurella**

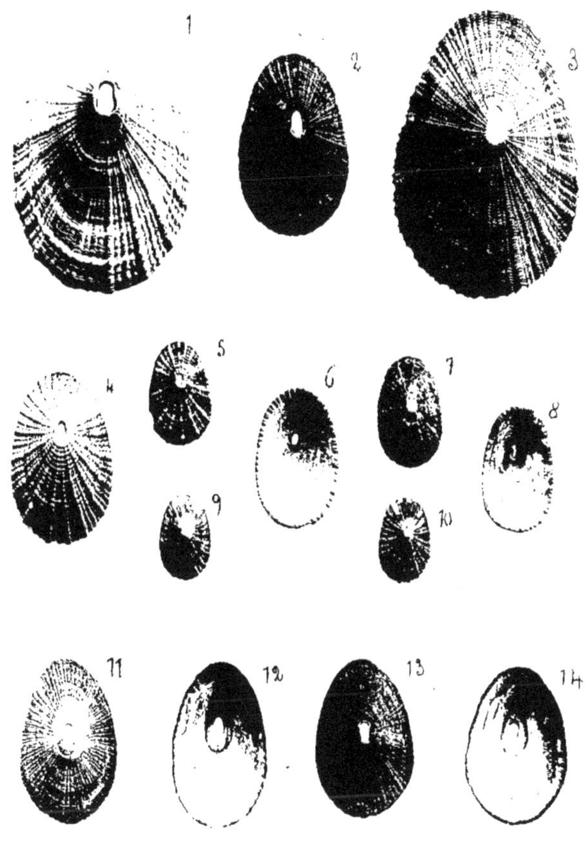

1. 2. 3.	Fissurella	Italica Defrance
4. 5. 6. 7. 8, 9, 10.	»	Graeca Linné
11. 12, 13. 14.	»	nubecula Linné

Bucquoy, Dautzenberg & G. Dollfus.

MOLLUSQUES DU ROUSSILLON

PLANCHE 54

Classe GASTROPODA (Cuvier)

ORDRE I PROSOBRANCHIATA FAMILLES FISSURELLIDÆ PATELLIDÆ
SECTION B HOLOSTOMATA GENRES FISSURELLA EMARGINULA, GADINIA

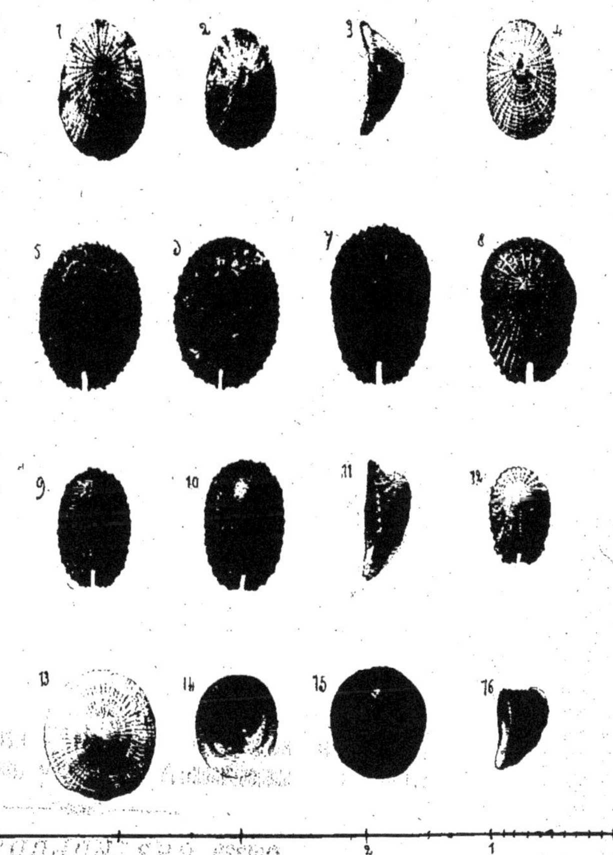

1, 2, 3, 4. Fissurella gibberula Lamk.
5, 6. Emarginula cancellata Philippi.
7, 8. » Huzardi Payraudeau.
9, 10, 11, 12. Emarginula elongata O. G. Costa.
13, 14. Gadinia Garnoti Payraudeau.
15, 16. » » var. capuloïdea B.D.D.

Bucquoy, Dautzenberg & G. Dollfus.

MOLLUSQUES DU ROUSSILLON

PLANCHE 55

Classe GASTROPODA (Cuvier)

ORDRE I **Prosobranchiata** FAMILLE **Calyptridæ.**
SECTION B **Holostomata** GENRES **Calyptra, Crepidula.**

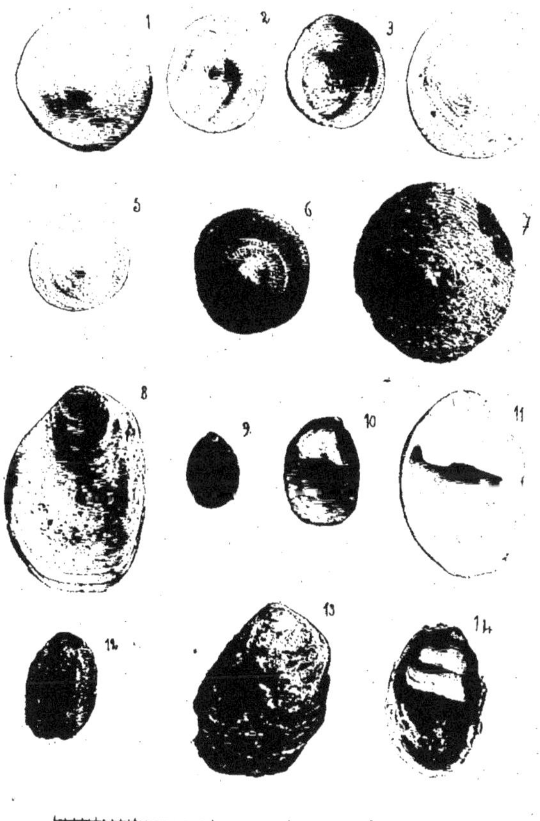

1, 2, 3, 4. Calyptra Chinensis Linné
5, 6. » » var. squamulata Rénieri.
7. » » var. depressa Wood.
8, 9, 10, 11. Crepidula unguiformis Lamk.
12, 13, 14. » Moulinsi Michaud,

Bucquoy, Dautzenberg & G. Dollfus.

MOLLUSQUES DU ROUSSILLON

PLANCHE 56

Classe GASTROPODA (Cuvier)

ORDRE I **Prosobranchiata** FAMILLE **Capulidæ.**
SECTION B **Holostomata** GENRE **Capulus,**

1, 2, 3, 4, 5, 6, Capulus hungaricus. Linné.

Bucquoy, Dautzenberg & G. Dollfus.

MOLLUSQUES DU ROUSSILLON

PLANCHE 57

Classe GASTROPODA (Cuvier)

ORDRE I Prosobranchiata FAMILLE Patellidæ.
SECTION B Holostomata GENRE Patella.

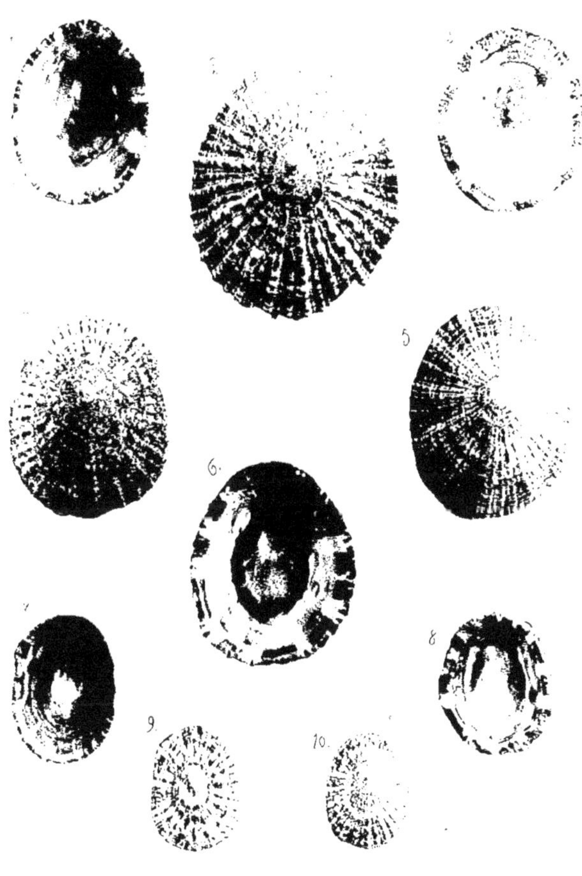

1 à 10. Patella lusitanica Gmelin.

Bucquoy, Dautzenberg & G. Dollfus.

MOLLUSQUES DU ROUSSILLON

PLANCHE 58

Classe GASTROPODA (Cuvier)

ORDRE I Prosobranchiata FAMILLE Patellidæ.
SECTION B Holostomata GENRE Patella.

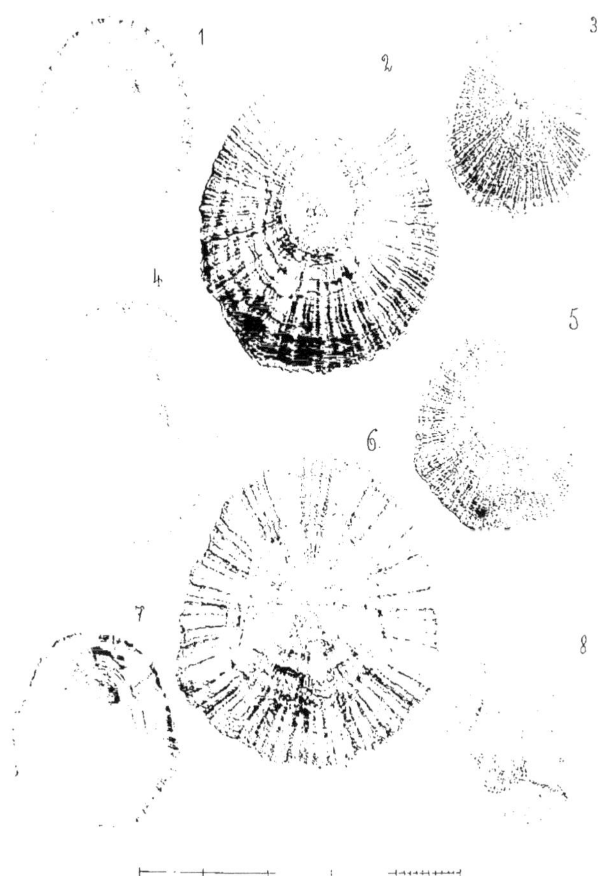

1. 2. Patella caerulea (Linné) Philippi — Type.
3. » » » » Mutat. ex colore adspersa B. D. D.
4. 5. 6. 7. » » » » Mutat. ex forma intermedia B. D. D.
8. » » Var. subplana Potiez et Michaud.

Bucquoy, Dautzenberg & G. Dollfus.

MOLLUSQUES DU ROUSSILLON

PLANCHE 59

Classe GASTROPODA *(Cuvier)*

ORDRE I	**Prosobranchiata**	FAMILLE	**Patellidæ.**
SECTION B	**Holostomata**	GENRE	**Patella.**

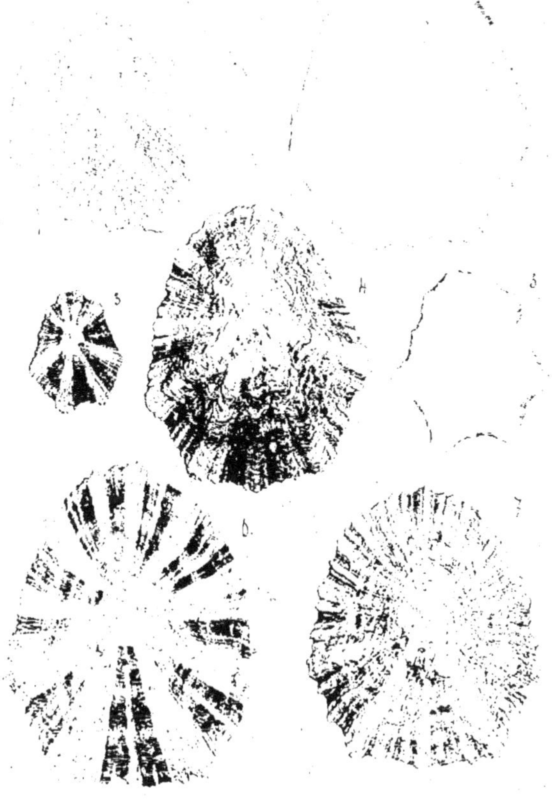

1, 2.	Patella caerulea Lin. var. subplana Potiez et Michaud.
3, 4, 6, 7.	» » » » » mut. cognata B. D. D.
5.	» « » » » mut. stellata B. D. D.

Bucquoy, Dautzenberg & G. Dollfus.

MOLLUSQUES DU ROUSSILLON

PLANCHE 60

Classe GASTROPODA (Cuvier)

ORDRE I Prosobranchiata FAMILLE Patellidæ.
SECTION B Holostomata GENRE Patella.

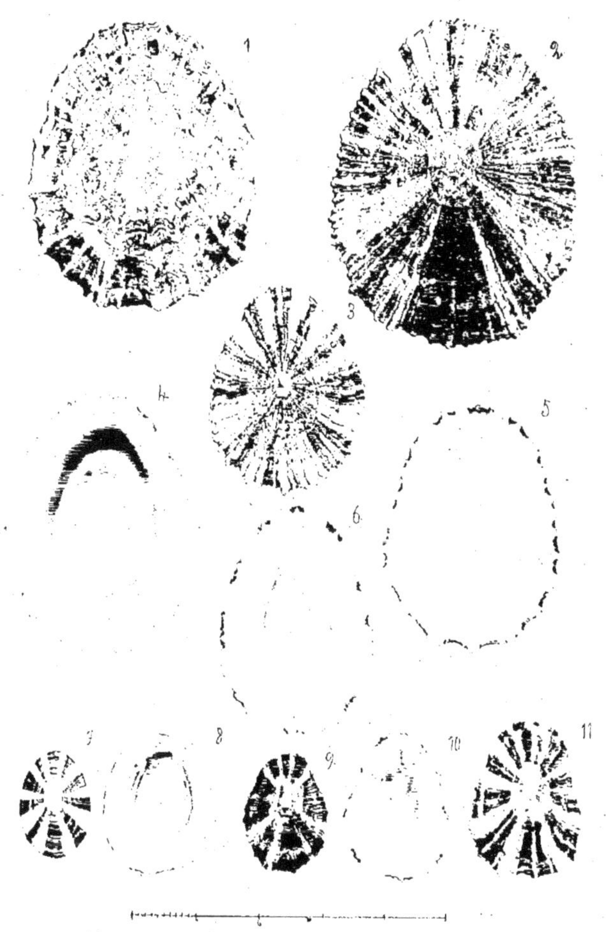

1, 2, 3, 4, 5, 6. Patella caerulea Lin. var. aspera, Phil.
7. 8. » » » » » mut. Tarentina Von Salis.
9, 10, 11. » « » » » mut. spinulosa B. D. D.

Bucquoy, Dautzenberg & G. Dollfus.

MOLLUSQUES DU ROUSSILLON

PLANCHE 61

Classe GASTROPODA (Cuvier)

ORDRE I Prosobranchiata — FAMILLE Chitonidæ
SECTION C Polyplacophora — GENRES CHITON, HOLOCHITON, ANISOCHITON.

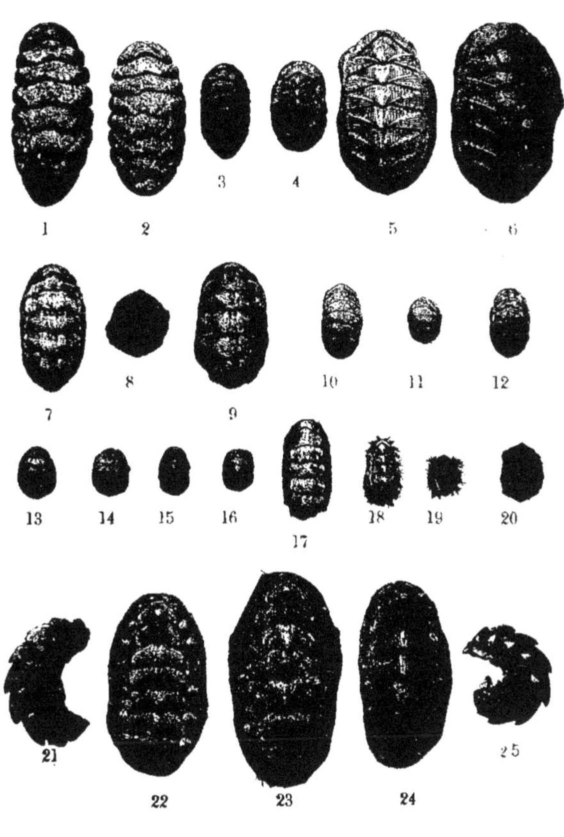

1, 2.	Holochiton cajetanus Poli (Pouliguen).
3.	» » » (Roussillon).
4, 5, 6.	Chiton olivaceus Spengler.
7, 8, 9.	» caprearum Scacchi.
10, 11, 12.	» Rissoi Payraudeau.
13, 14, 15, 16.	» marginatus Pennant.
17, 18, 19, 20.	Anisochiton fascicularis Linné.
21, 22, 23, 24, 25.	» discrepans Brown.

Bucquoy, Dautzenberg & G. Dollfus.

MOLLUSQUES DU ROUSSILLON

PLANCHE 62

Classe GASTROPODA (Cuvier)

ORDRE I Prosobranchiata FAMILLE Chitonidæ
SECTION C Polyplacophora GENRES CHITON, HOLOCHITON, ANISOCHITON.

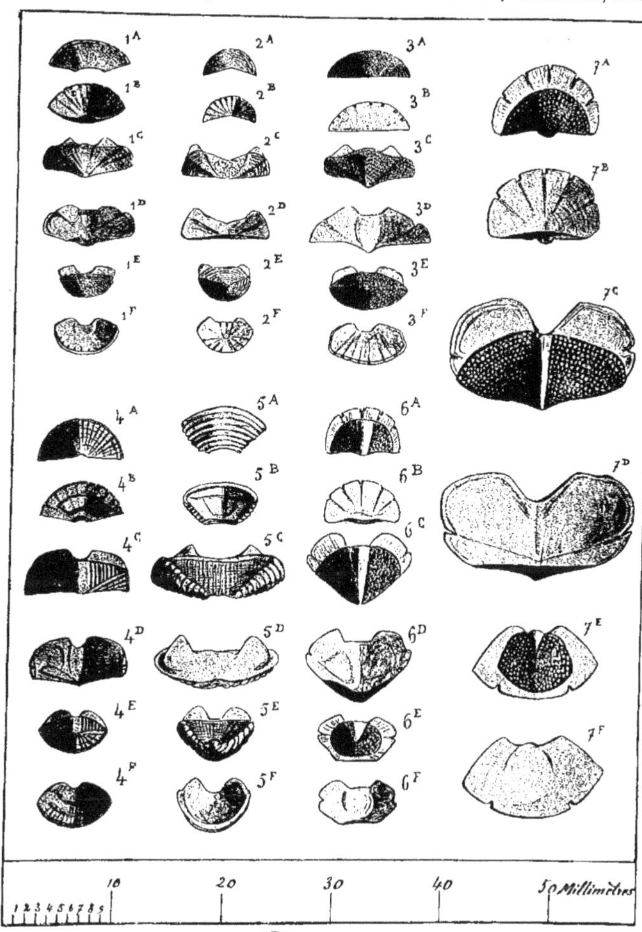

1. Chiton caprearum Scacchi.
2. » Rissoi Payraudeau.
3. » marginatus Pennant.
4. » olivaceus Spengler.
5. Holochiton cajetanus Poli.
6. Anisochiton fascicularis Linné.
7. » discrepans Brown

A. Valves antérieures, vues à l'extérieur.
B. » » » à l'intérieur.
C. » médianes, » à l'extérieur.
D. » » » à l'intérieur.
E. » postérieures, » à l'extérieur.
F. » » » à l'intérieur.

Bucquoy, Dautzenberg & G. Dollfus.

MOLLUSQUES DU ROUSSILLON

PLANCHE 63

Classe GASTROPODA (Cuvier)

ORDRE II **Opistobranchiata** FAMILLES **Bullidæ, Oxynoeidæ.**
SECTION I **Tectibranchiata** GENRES SCAPHANDER, HAMINEA, PHILINE, OXYNOE.

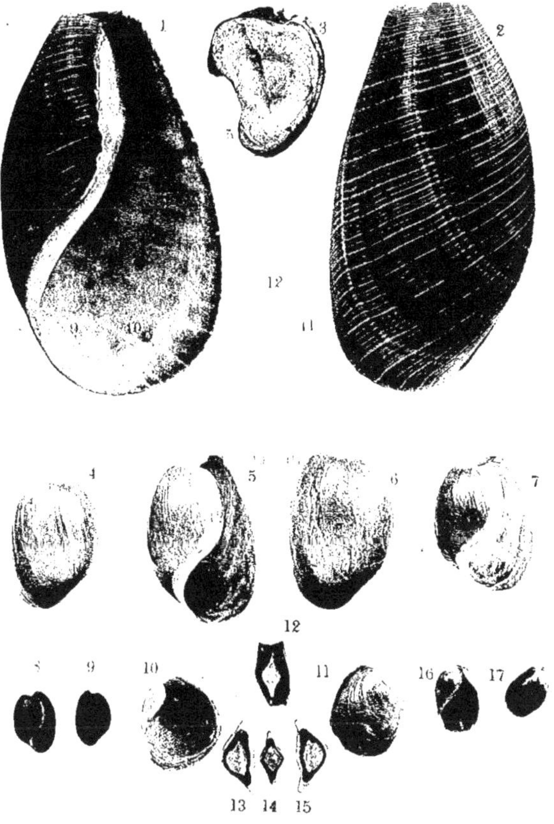

1. 2. Scaphander lignarius Linné.
3. » » » pièce calcaire de l'estomac.
5, 6. Haminea navicula Da Costa.
4. 7. » » var. globosa Jeffreys.
8, 9. » hydatis Linné.
10, 11. Philine aperta Linné.
12. 13. 14, 15. » » » pièces calcaires de l'estomac.
16. 17. Oxynoe olivacea Rafinesque.

Bucquoy, Dautzenberg & G. Dollfus.

MOLLUSQUES DU ROUSSILLON

PLANCHE 64

Classe GASTROPODA (Cuvier)

ORDRE II **Opistobranchiata** FAMILLE **Bullidæ.**
SECTION I **Tectibranchiata** GENRES CYLICHNA, RETUSA, VOLVULA, PHILINE.

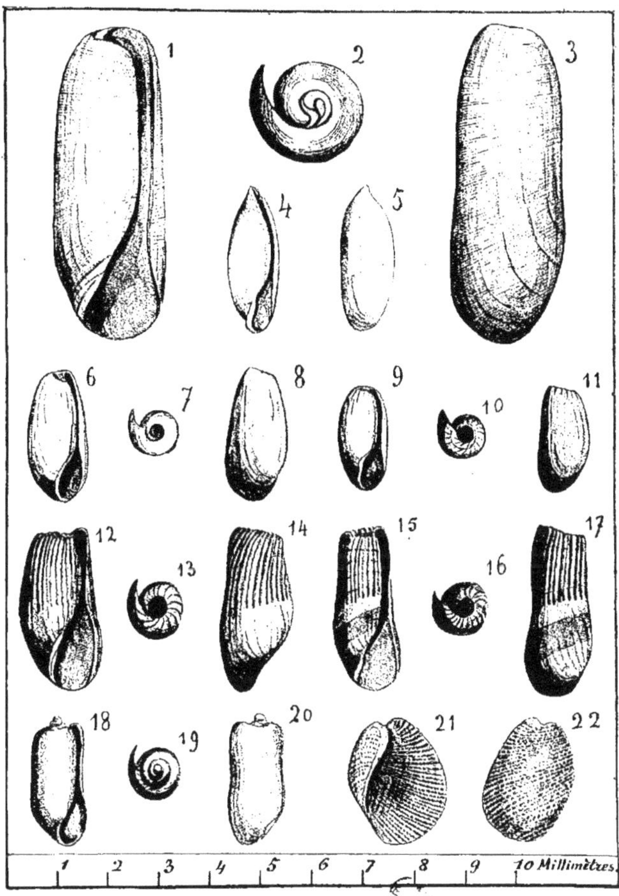

1 2, 3.	Cylichna cylindracea Pennant.
4, 5.	Volvula acuminata Bruguière.
6, 7, 8.	Cylichna umbilicata Montagu.
9, 10, 11.	» Crossei B, D, D.
12, 13, 14.	Retusa truncatula Bruguière.
15, 16, 17.	» semisulcata Philippi.
18, 19. 20.	» mammillata Philippi.
21, 22.	Philine catena Montagu.

Bucquoy, Dautzenberg & G. Dollfus.

MOLLUSQUES DU ROUSSILLON

PLANCHE 65

Classe GASTROPODA (Cuvier)

ORDRE II Opistobranchiata — FAMILLES : PLEUROBRANCHIDÆ, APLYSIIDÆ.
SECTION A Tectibranchiata — GENRES : UMBRELLA, PLEUROBRANCHUS, APLYSIA.

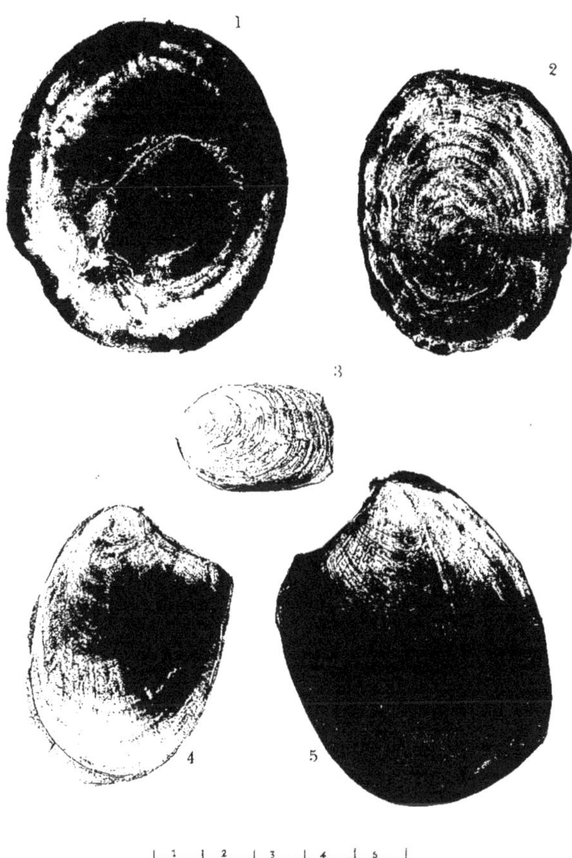

1, 2. Umbrella mediterranea Lamarck.

3. Pleurobranchus membranaceus Montagu.

4, 5. Aplysia fasciata Poiret.

Bucquoy, Dautzenberg & G. Dollfus.

MOLLUSQUES DU ROUSSILLON

Planche 66

Classes GASTROPODA (Cuvier) — SCAPHOPODA (Brown)

Ordre II **Opistobranchiata**, Famille : **Actaeonidæ**, Genre : **Actaeon.**
SCAPHOPODA : Famille : **Dentalidæ**, Genre : **Dentalium.**

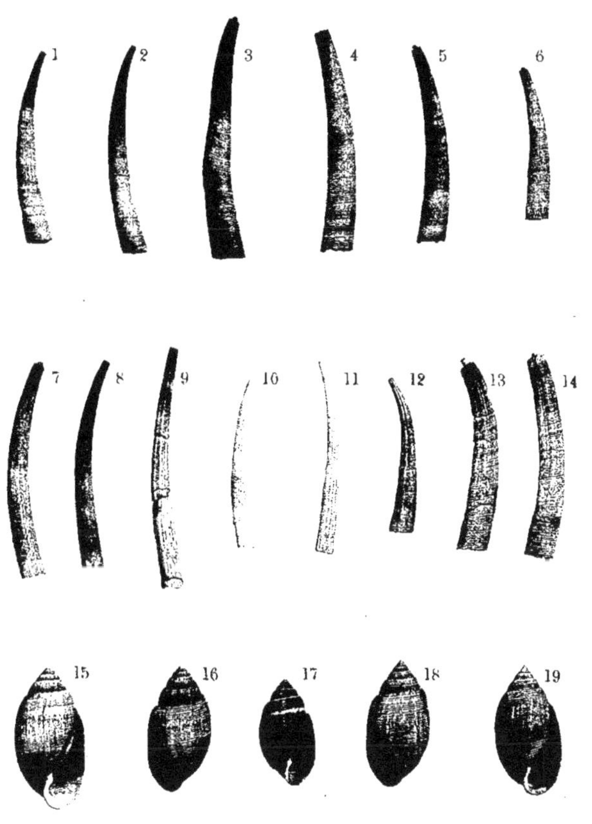

1, 2, 3, 4, 5, 6. Dentalium vulgare Da Costa.
7, 8, 9. » alternans Bucquoy, Dautzenberg et Dollfus.
10, 11. » dentalis Linné (Palerme).
12, 13, 14. » novemcostatum Lamarck (Bretagne).
15, 16. Actaeon tc natilis Linné.
17. » » var. fascia unica alba Scacchi.
18, 19. » » var. unicolor Scacchi.

Bucquoy, Dautzenberg & G. Dollfus.

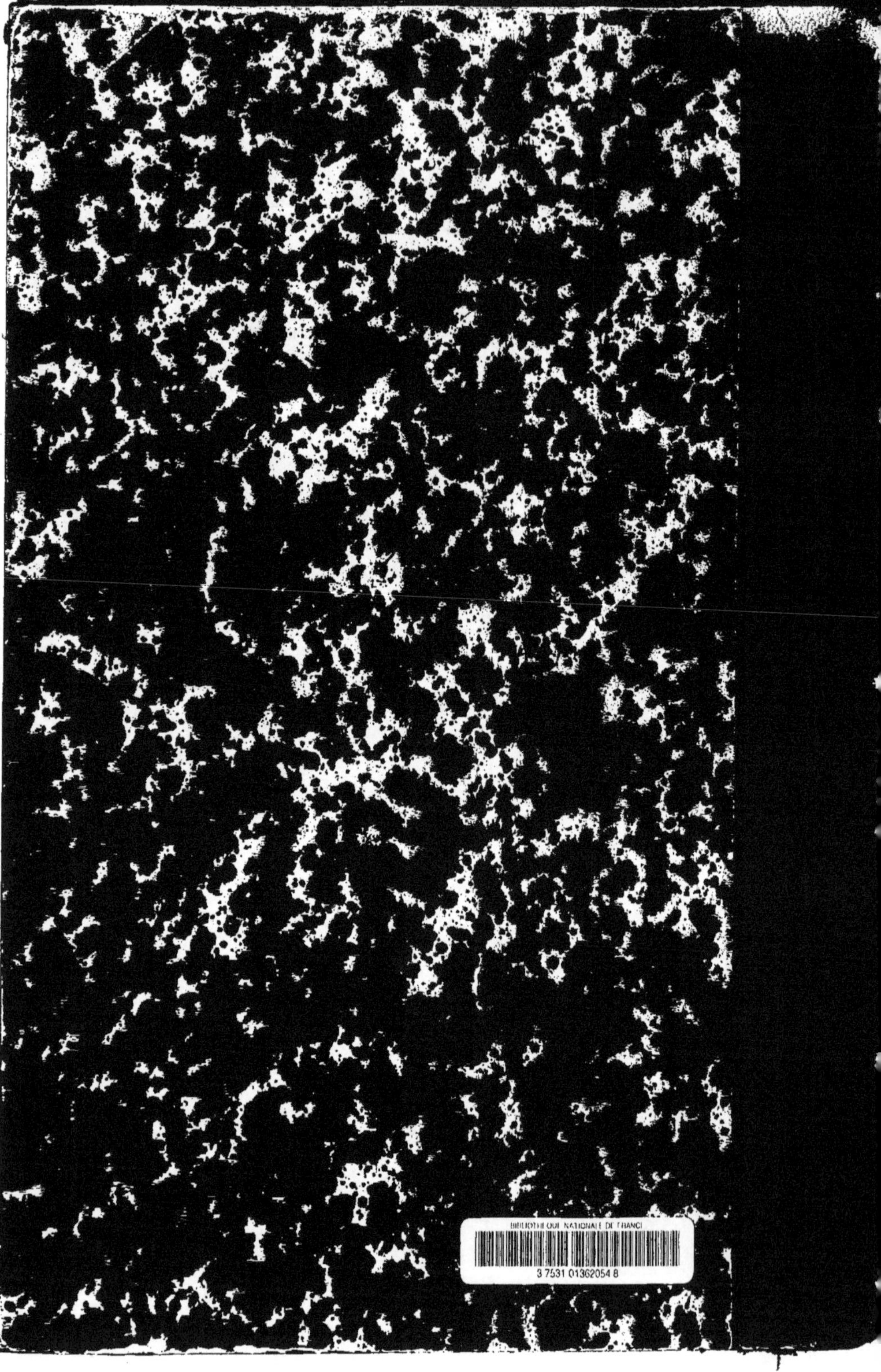

www.ingramcontent.com/pod-product-compliance
Ingram Content Group UK Ltd.
Pitfield, Milton Keynes, MK11 3LW, UK
UKHW012227240726
13966UKWH00003B/988

9 782012 865938